FORSCHUNGSBERICHTE DES LANDES NORDRHEIN-WESTFALEN

Nr. 2152

Herausgegeben im Auftrage des Ministerpräsidenten Heinz Kühn
von Staatssekretär Professor Dr. h. c. Dr. E. h. Leo Brandt

Oberbaurat Dipl.-Ing. Hermann Radtke

im Auftrage der Deutschen Forschungsgesellschaft für Blechverarbeitung und Oberflächenbehandlung e. V., Düsseldorf

Untersuchung des Feinstanzvorganges

WESTDEUTSCHER VERLAG · KÖLN UND OPLADEN 1970

ISBN 978-3-663-06468-8 ISBN 978-3-663-07381-9 (eBook)
DOI 10.1007/978-3-663-07381-9
Verlags-Nr. 012152

Gesamtherstellung: Westdeutscher Verlag ·

Vorwort

Im Gegensatz zu vielen anderen Sparten des Maschinenbaus und der Elektrotechnik ist bei dem modernen Verfahren des »Feinstanzens«, d. h. der Herstellung von Qualitätsschnitteilen aus Blech, eine langjährige industrielle Praxis vorausgegangen, ehe die wissenschaftliche Analysierung folgte. In solchen Fällen ist deshalb meist die Begriffsbestimmung unzureichend oder unklar. Der Ursprung des Wortes »Fein-Stanzen« stammt aus der Feinwerktechnik, vorzugsweise der Schweizer Uhren-Industrie, die aus Wirtschaftlichkeitsgründen mit stanzereitechnischen Mitteln (Werkzeug + Maschine, beides wechselseitig mit »Stanze« bezeichnet) bei hoher Kraftkonzentration in Sekundenschnelle hochpräzise Fertigteile erzeugte. »Stanzen« ist ein Sammelbegriff von regional völlig verschiedenartiger Interpretation. Die Definition des im vorliegenden Falle gemeinten Verfahrens »Schneiden« erfolgte erst unter dem Oberbegriff »Zerteilen« in der DIN 8588 [1].

Beim Ausweiten des »Feinstanzens« auf das Schneiden dicker [25] Bleche wurde nicht mehr die Feinwerktechnik, sondern die Feinbearbeitung von Scherflächen in einem Schnitt gemeint und die Bezeichnung »Feinschnitt«, »Genauschnitt« angewandt. Gemeint ist der Glattschnitt mit Trennflächen ohne Anriß oder Bruch bei Einhaltung enger Maßtoleranzen. Die Topographie der Scherfläche muß gleichfalls in engen Grenzen eingehalten werden. Die Trennlinie des Scherweges soll möglichst eine Gerade sein. Die Mantel-(Scher-)Fläche soll eine der spanenden Feinbearbeitung vergleichbare Oberflächengüte in engen Grenzen der Rauhtiefe und Welligkeit aufweisen. Zwar ist die rechtwinklige Lage der Scherfläche zur Blechoberfläche [25] meist erwünscht, aber keinesfalls ein Kriterium des Genauschneidens, da Qualitätsschnitte mit Winkellage der Scherfläche zur Blechoberfläche ebenfalls möglich sind. Zahlreiche Veröffentlichungen in den Fachzeitschriften geben dem Praktiker wertvolle Anregungen und Informationen über dieses rationelle Fertigungsverfahren. Die theoretischen Zusammenhänge der verschiedenen Bedingungen zur Erzeugung genau- bzw. glattgeschnittener Trennflächen wurden in einer Reihe wissenschaftlicher Untersuchungen behandelt (u. a. [5, 7, 9, 14, 15, 23]).

Die Anwendung des Genauschnittverfahrens (nach Art des Gesamtschnitts) unter Einspannung der Blechoberfläche mittels Blechhalter und Gegenhalter hat nach stetiger Ausweitung seit zehn Jahren in jüngster Zeit besonders starke Impulse erhalten dank der fertigungsgerechten Teilkonstruktion, größerer Maschineneinheiten, der Bereitstellung geeigneter Schnittwerkstoffe und der völligen Beherrschung der Automatisierung des Verfahrens. Letztere ist wegen der hohen Präzision von Werkzeug und Maschine, sowie deren Empfindlichkeit notwendig.

Der Verfasser hat sich mit der Untersuchung wesentlicher Einflußgrößen, der Wechselwirkung zwischen Werkstoffen verschiedener Art und der Werkzeug- und Maschinenbauart in bezug auf den Genauschnitterfolg befaßt.

Sein Dank gilt der Deutschen Forschungsgesellschaft für Blechverarbeitung und Oberflächenbehandlung e.V., Düsseldorf, insbesondere Herrn Professor Dr.-Ing. habil. Gerhard Oehler für die Anregung und Ermöglichung der Arbeit. Die Absolventen der Staatlichen Ingenieurschule für Maschinenwesen, Iserlohn: Jurczyk, Preusse, Mias, Schürmann, Schenke und Degner haben im Rahmen von Studienarbeiten vorzüglich an der Analysierung von Teilproblemen mitgewirkt.

Inhalt

1. Einleitung

Das Schneiden gehört zu den stanzereitechnischen Verfahren und wurde erst vor wenigen Jahren unter dem Sammelbegriff »Zerteilen« in der neuen DIN-Norm 8588 [1] definiert. In diese Gruppe der einzelnen Trennverfahren für die Blechbearbeitung fällt jedoch nicht die Erzeugung völlig glatt geschnittener Scherflächen, wie sie beim sogenannten Feinschneiden entstehen. Dagegen wird in der neuen DIN 8587 [1] unter der Begriffsbestimmung „Schubumformen" eine Verschiebung der Blechoberflächen gegeneinander ohne Rißbildung mittels Werkzeugelementen als »Umformen« verstanden. Der Vorgang des Fein- bzw. Genauschneidens entspricht daher dieser Definition nach DIN 8587, wobei der Weg des Schubumformens der Blechdicke gleichzusetzen ist. Die Scherfläche wird hierbei bewußt als glatte Fläche »geformt«. In bezug auf eine geringe Rauhtiefe und Ebenheit der Oberfläche sowie auf eine enge Tolerierung der Abmessungen sind die Ansprüche an die aus Blechwerkstoffen hergestellten Teile in jüngster Zeit insbesondere dort gestiegen, wo Loch-Trennflächen oder Ausschneide-Trennflächen Paßflächen sind oder als Kontaktflächen beispielsweise eine Steuerfunktion ausüben.
Während beim üblichen Schneiden mit stanzereitechnischen Mitteln das Blech nur teilweise glatt abgeschert wird, ein weiterer Teil der Scherfläche aber eine oft von Rissen durchzogene Bruchfläche aufweist, wird beim Genauschneiden – auch als Feinschneiden oder Feinstanzen bezeichnet – eine saubere, glatte und rißfreie Scherfläche erzeugt. Als wesentliche Einflußgrößen sind dabei zu nennen:

1. die physikalischen Kennwerte des Werkstoffes wie Bruchfestigkeit σ_B, Streckgrenze σ_S und Dehnung δ_5;
2. die Blechdicke s;
3. die geometrische Form der Schnittlinie – so bereitet die Fertigung schmaler Teile mit geringem b/s-Verhältnis (b = Breite, s = Dicke) mehr Schwierigkeiten als breiter Teile – dasselbe gilt von Schnittfiguren mit scharfen Ecken;
4. das Fließverhalten des Blechwerkstoffes als Folge seines metallurgischen Aufbaus, der Wärmevorbehandlung und Art des Walzens;
5. die Möglichkeit einer ausreichenden Einspannung der Scherzonengrenzbereiche, um Schubspannungsrisse zu vermeiden.

2. Versuchswerkzeuge

Abb. 1 zeigt den Aufbau eines Versuchswerkzeuges, bei welchem für das Werkzeuggestell (2) Normteile (3) und eine elektronengeschweißte Matrize verwendet wurden. In den Pressenrahmen ist in umgekehrter Anordnung, mit der Grundplatte *a* nach oben und der Kopfplatte *b* nach unten, ein Werkzeug-Säulengestell, am Pressenoberjoch hängend, fest eingebaut. Auf dem Pressentisch ruht der Arbeitszylinder *i* geringer Höhe aber großen Durchmessers, dessen Kolben unter dem Druck p_1 die Kraft F_1 aufbringt. In der Mitte des Pressenoberjoches befindet sich ein weiterer Arbeitszylinder *e*, mit dessen Kolben unter dem Druck p_3 die Kraft F_3 zur Bewegung des Gegenhaltestempels *c*

nach unten ausgeübt wird. Die von unten wirkende Kraft F_1 wird auf den Schneidstempel *d* direkt übertragen, der in der säulengeführten Kopfplatte *b* fest eingepreßt, verschraubt und von der äußeren Gegenhalteplatte *g* umgeben ist. Diese Gegenhalteplatte wird von vier unabhängig wirkenden Druckstiften *f* abgestützt, von denen in Abb. 1 nur zwei dargestellt sind. Zwischen den Kolben des unteren Arbeitszylinders *i* und der Kopfplatte *b* befindet sich ein Arbeitszylinderblock *h* mit vier Kraftelementen für die Gegenhaltekraft F_2. Die unter dem Druck p_2 stehenden Kolben *k* übertragen die Kraft über vier Druckstifte *f*. Es werden also vom Kolben des unteren großen Arbeitszylinders *i* der Zylinderblock *h*, die Kopfplatte *b* und der Schneidstempel *d* gehoben. Unabhängig hiervon werden die Kolben *k* mit den Druckstiften *f* und der auf ihnen ruhenden Gegenhalteplatte *g* hydraulisch gesteuert. Die Schneidmatrize *m* ist auf der Grundplatte *a* fest aufgespannt. Somit ist die Kraft F_1 des Arbeitszylinders *i* gleich der Summe der anderen Kräfte, nämlich der Schneidkraft F_S + Blechhalte- oder äußerer Gegenhaltekraft F_2 + innerer Gegenhaltekraft F_3. Im folgenden werden die beiden letztgenannten Kräfte auch mit F_{Ga} und F_{Gi} bezeichnet.
Abb. 2 stellt ein anderes Versuchswerkzeug dar, bei welchem vier verstellbare Schneidelemente eine stufenlose Änderung des Schneidspaltes ermöglichen. Bei diesem wird die äußere Gegenhalteplatte G_a von einem zentralen ölhydraulisch gesteuerten Arbeitszylinder betätigt. Wie bekannt, wird das zu schneidende Blech beiderseits eingespannt, wobei der innere Gegenhaltestempel *Gi* gegen den Schneidstempel, der äußere Gegenhalten *Ga* – auch Blechhalte- oder Preßplatte genannt – gegen die Schneidmatrize drückt.

2.1 Der innere Gegenhalter

Die Aufgabe des die Kraft F_3 bzw. F_{Gi} ausübenden inneren Gegenhalters besteht darin, unerwünschte Verbiegungen des auszuschneidenden Werkstückes zu vermeiden und dasselbe nach Beendigung des Schervorganges aus der Matrize auszustoßen. Guidi [4] weist darauf hin, daß die Gegenhaltekraft von der Länge der Schnittlinie, der Scherfestigkeit und der Blechdicke abhängt. Weiterhin stellt Krämer [5] fest, daß die Gegenhaltekraft auf den Anteil der glattgeschnittenen Trennfläche an der aus der Blechdicke sich ergebenden Gesamttrennfläche keinen wesentlichen Einfluß ausübt. Auf Grund der Erfahrungen der Praxis ist bekannt, daß eine ausreichende Gegenhaltekraft F_{Gi} bei Blechdicken bis zu 1,5 mm einen einwandfreien Glattschnitt ohne Abriß gewährleistet. Sie dient weiterhin zur Dämpfung der Stößelbewegung im unteren Totpunkt und wirkt dem Eintauchen des Stempels in die Matrize entgegen.
Die Gegenhaltekraft F_{Gi} hat aber eine weitere ganz spezielle Wirkung bei gleichzeitiger Benutzung eines äußeren Gegenhalters (mit oder ohne Ringzacke) mit der Kraft F_{Ga}. Sowohl das elastische als auch das plastische Verhalten des Werkstoffes wird von ihm erheblich beeinflußt. Abb. 3 zeigt zum Vergleich den Schneidvorgang an einer Tafelschere mit dem Schneidspalt $u_s = 0$ und einem Messer-Keilwinkel von $\beta = 90°$ auf beiden Seiten. Das Stahlblech St 37 von 4 mm Dicke erfährt in der Umformzone eine solche Formänderung, daß das unter dem Obermesser befindliche Material vom Untermesser abgedrängt wird. Am Werkstoff, der zwischen Niederhalter und Untermesser bzw. Tisch eingespannt ist, kann bis zu mehreren Millimetern Blechdicke bei günstigen Fließeigenschaften ein einwandfreier Glattschnitt erzielt werden.
Beim Schneiden mittels Werkzeugs mit Gegenhalter treten folgende Wirkungen auf, die besonders bei Al 99,5, aber auch bei weichen Stählen gut zu beobachten sind:

a) Durch eine elastizitätsbedingte Federung des Stanzbutzens innerhalb der Lochleibung der Matrize wird der Reibungsanteil der Schnittkraft und somit auch diese größer. Die Ermittlung des Einfederungs- bzw. Verdrängungsmaßes i und der Wölbungstiefe dieser Linie, wie sie hier in Abb. 4 erstmalig aufgezeigt werden, mögen einer späteren Forschungsarbeit vorbehalten bleiben. Wahrscheinlich besteht hier eine Abhängigkeit vom Verhältnis σ_B/E (= Bruchfestigkeit/Elastizitätsmodul).

b) Unter Gegenhaltepressung findet nach Überschreiten der Streckgrenze σ_s an den Schneidkanten ein Fließpreßvorgang statt, der bei kleinflächigen ausgeschnittenen Teilen zu einer Blechdickenminderung und im Stanzstreifen oder Band zu einer konkaven Einwölbung der Scherzone führt, die nach dem Abstreifen des hochgehenden Stempels um das Maß i in Abb. 4 und der Elastizität des Streifens einfedert.

c) Bei vergrößerter Flächenpressung p_i in der Matrize wird die Reibungskraft an der Stempelwandung reduziert und im Extremfall Null. Der Gegenhaltedruck beeinflußt die unterschiedliche Abnutzung von Stempel und Matrize.

d) Ein verkanteter, nicht planparalleler Gegenhalter führt zu ungleichem Aufbau der Spannungen in der Scherzone und zur Rißbildung.

2.2 Der äußere Gegenhalter (Blechhalteplatte)

Ebenso wie der innere Gegenhalter *Gi* soll der äußere Gegenhalter *Ga* eine unerwünschte Blechverformung vermeiden. Ohne diese den Schneidstempel umgebende Blechhalteplatte würde beim Schneiden der Blechwerkstoff zum kleineren Teil mit in die Matrize, zum größeren Teil auch außen verdrängt. Wie unter 2.1 beschrieben, vermag der innere, jedoch ebenso der äußere Gegenhalter Verdrängungen des Werkstoffes in Richtung Blechebene zu verhindern. Die Höhe der Gegenhaltekraft F_{Ga} hängt ab von

1. der Schneidkraft F_s, und diese wiederum von
   a) der Blechdicke s;
   b) der Scherfestigkeit τ_B, für die wiederum die Bruchfestigkeit σ_B und das Streckgrenzverhältnis σ_s/σ_B des zu schneidenden Werkstoffes sowie das Verhältnis d/s [6] maßgebend sind;
   c) der Schneidkantenlänge L;
   d) der Ausschnittfigur – scharfwinkelige Ecken erfordern Zuschläge;
   e) der Schneidkantenschärfe bzw. der Schneidkantenhalbmesser r_p an Schneidstempel und r_m an Schneidmatrize;
   f) dem Schnittwinkel und der konstruktiven Ausbildung der Durchfallöffnung;
   g) der Rauhigkeit und Oberflächenbeschaffenheit der Durchfallöffnung;
   h) der Kraft F_{Gi} des inneren Gegenhalters;
2. der Rauhigkeit und Oberflächenbeschaffenheit des zu schneidenden Bleches;
3. der Art und Menge des Schmierstoffes im Falle einer Schmierung.

Angesichts der Wechselwirkung zwischen innerem und äußerem Gegenhalter läßt sich der Werkstofffluß in Blechebene in geringem Umfang steuern, d. h., es besteht die Möglichkeit, den Werkstoff sowohl aus dem Matrizenbereich in den den Schnittstempel umgebenden Bereich nach außen als auch in umgekehrter Richtung nach innen ausweichen zu lassen. Ziel all solcher Bemühungen bleibt jedoch, einen Gleichgewichtszustand herbeizuführen, demzufolge im Scherbereich Querfließbewegungen in Blechebene vermieden und zwecks Verhinderung von Schubspannungsrissen die dafür erforderlichen Druckspannungen überlagert werden [7]. Abb. 5 gibt Aufschluß darüber, ob beim Schneiden mittels zweischnittiger Trennwerkzeuge üblicher Bauart unter Verwendung eines inneren (*Gi*) und eines äußeren (*Ga*) Gegenhalters der Blechwerkstoff bei sehr kleinem Schneidspalt u_s in Blechebene nach auswärts verdrängt oder nach einwärts zur

Matrizenöffnung eingezogen wird. Mit zunehmendem Schneidspalt u_s verringert sich der Anteil an glattgeschnittener Lochleibungsfläche, nimmt also der Bruchflächenanteil zu. Bei einem bestimmten u_s/s-Verhältnis, das als sogenanntes neutrales Spaltgrößenverhältnis bezeichnet werden mag und wo die beim Versuch ermittelten Werte stark streuten, ist i bzw. $i/s = 0$. Hier findet keine oder nur eine sehr geringe Werkstoffbewegung in Blechebene nach außen oder nach innen zu statt. Da einerseits beim Genauschneiden eine völlig glatt geschnittene, andererseits zumeist eine zur Blechebene senkrechte Trennfläche verlangt wird und somit der Schneidspalt u_s sehr klein sein muß, sind Maßnahmen zu treffen, die eine nach außen gerichtete unerwünschte Werkstoffverdrängung ($+i$ in Abb. 5 rechts) verhindern oder zumindest weitestgehend einschränken. Für einfache runde Schnittformen an dünnen Blechen bis zu 1,0 mm Dicke, bei denen im Trennflächenbereich nur eine geringe Kaltverfestigung eintritt, genügt meist ein ebener, den Schneidstempel umgebender Blechhalter für eine ausreichende Einspannung. Bei komplizierten Schnittformen und mit zunehmender Blechdicke wird die sichere Einspannung des Bleches durch ebene Spannelemente immer schwieriger, da Haftreibung gewährleistet sein muß. Hierfür ist der Reibungskoeffizient μ und die Breite der Einspannzone q_0 entlang der Schnittlinie, die von der Blechdicke s abhängt, bestimmend. Je geringer die Reibung, desto breiter muß die Einspannzone sein, damit möglichst keine Blechverschiebung zwischen den Spannflächen stattfindet. Deshalb ist z. B. beim Arbeiten mit Streifenvorschub die Einspannung auf der nachrückenden Streifenseite stets günstiger als auf der Seite des schmalen Stanzgitters.
Nun ist aber die Spannungsverteilung im Querschnitt der Einspannzone keineswegs gleichmäßig. Der Schneidvorgang beginnt als partieller Stauchvorgang, gekennzeichnet durch den Kanteneinzug x', y' (Abb. 24). Ähnlich wie beim Stauchen müssen bestimmte spezifische Flächendrücke in der Einspannzone aufgebracht werden, um glatte Scherzonen formen zu können. Es bildet sich gleichfalls ein Gleitreibungsbereich q_g, ehe der Haftreibungsbereich q_h zur Wirkung kommen kann, der an der Schneidkante erforderlich ist (Abb. 6). Für einen beliebigen geraden Trennschnitt läßt sich die Mindesteinspannbreite q_0 des ebenen Blechhalters wie folgt nach Geleji [8] ermitteln:

$$q_0 > q_g = \frac{s}{\mu} \cdot \frac{(1 - 2 \cdot \mu)}{(1 + 2 \cdot \mu)}$$

Unter Bezugnahme auf die Untersuchung des Stauchvorganges nach Vater und Nebe [9] muß der erforderliche spezifische Flächendruck zu Beginn des Schneidvorganges die Bedingung erfüllen:

$$k_{q0} = \psi \cdot k_{fm} \cdot e^{\frac{2 \cdot \mu \cdot q_0}{s}} \quad ; \quad 1 \leqq \psi \leqq 1{,}15$$

Hierin bedeuten k_{fm} die Formänderungsfestigkeit des Bleches, e die Eulersche Grundzahl des natürlichen Logarithmus, q_0 den Abstand der Schnittkante von der Außenkante, mit der Bedingung $q_0 \geqq q_g$.

Dies sei an einem Beispiel erläutert:

Gegeben sei $s = 2$ mm, $\mu = 0{,}15$, *Al* mit $k_{f0} = 5$ kp/mm².

Dann ist

$$q_g = \frac{2}{0{,}15} \cdot \frac{(1 - 2 \cdot 0{,}15)}{(1 + 2 \cdot 0{,}15)} = 7{,}2 \text{ mm}$$

Gewählt sei

$$q_0 = 7{,}5 \text{ mm.}$$

Dann ist weiterhin

$$k_{q0} = 5 \cdot 2{,}178^{\frac{2 \cdot 0{,}15 \cdot 7{,}5}{2}}$$

$$k_{q0} = \text{ca. } 12 \text{ kp/mm}^2$$

Als spezifischer Kraftbedarf pro mm Umfang bzw. Blechhalterlänge wäre danach $q_0 \cdot k_{q_0} = 7{,}5 \cdot 12 = 90$ kp/mm erforderlich. Bei geschlossenen Matrizen liegen wegen der Stützwirkung im Blechquerschnitt günstigere Bedingungen vor, obgleich mit zunehmendem Verhältnis A_w/l_s und abnehmender spezifischer Blechdicke ähnliche Überlegungen zutreffen (A_w = Werkstückoberfläche, l_s = Schnittlinienlänge).
Im Vergleich zur Scherkraft liegt bei Blechen höherer Festigkeit und zunehmender Dicke die hierfür erforderliche Blechhaltekraft so hoch, daß eine ebene Gestaltung des Blechhalters nicht mehr ausreicht und andere Wege beschritten werden müssen. Eine schwache Neigung der Blechhalterfläche, wonach – wie von Göhre [10] und von Meyer [11] vorgeschlagen – der schnittkantenseitige Bereich des Blechhalters den Druckanstieg noch erhöht oder unterstützt, bringt hierfür keine Lösung, worauf später noch eingegangen wird.
Nach Prandtl [12] und Nadai [13] ist die Scherzone des Blechwerkstoffes zwischen Schneidstempel und Matrize als eine elastisch-plastische Masse zwischen reibenden Festkörpern zu betrachten, deren Einspannzustand so einzurichten ist, daß eine genügend große Vorspannung quer zur Scherfläche erreicht wird. Bei flachen oder nur schwach geneigten Einspannflächen bildet sich nach Abb. 7a ein Haftreibungskegel ähnlich dem bekannten Rötscher-Kegel bei Flanschverbindungen, der gegenüber dem Gleitreibungsbereich außerhalb davon abgegrenzt ist. Ein solcher Haftreibungsbereich kann aber nur, wie bereits erwähnt, bei einem ihn umgebenden Übergangsgleitreibungsbereich zustande kommen. Da nun die Reibwerte aber von mancherlei Einflüssen, wie Blechdickenabweichungen, Oberflächenbeschaffenheit, Schmiermittel, Werkstoffpaarung u. a. abhängen, also unzuverlässig sind, wurde bei Verarbeitung dünner und mitteldicker Bleche zunächst eine Seite, bei dickeren Blechen dann beide Seiten der bisher ebenen Einspannflächen durch Zwangsformschluß mittels meißelförmigem Blechhalter, der sogenannten Ringzacke, ersetzt. Diese wird je nach Bedarf nicht immer als vollständiger, die Schnittlinie begleitender Ring ausgebildet. Dabei ist auf eine genügende Entfernung der Ringzackenschneide von der Schnittkante zu achten, damit unter der Ringzacke gemäß Abb. 7b links ein Haftreibungsbereich entsteht.
Hierbei sollte bei einem schmalen Stanzgitter entsprechend der kristallinen Gleitebenen eine Verbindungslinie von der Ringzackenschneide unter einem Winkel von 45° zumindest die zugehörige Schnittkante treffen, wie dies in Abb. 7b dargestellt ist. Der in Abb. 7c aufgeführten Darstellung zufolge ist der Abstand a zu klein gewählt worden. Hierdurch entsteht eine leichte Schnittkantenrundung. Für Blechdicken $s > 5$ mm, bei schwierigen Formen mit scharfen Ecken auch darunter, wird gegenüber der Ringzacke des Blechhalters eine zweite auf der Schnittplatte als zusätzliche Spannhilfe angeordnet, wobei der Abstand a dann der halben Blechdicke entspricht.
Da das Eindringen der Meißelschneide in die Blechoberfläche eine plastische Formänderung im örtlichen Bereich zur Folge hat, wurde der Einfluß der Schneidenform auf die Formänderung des zu schneidenden Bleches zunächst beim Eindringen in einen Vollkörper untersucht, ohne daß hierbei ein Schneidstempel beteiligt war. Dabei zeigte sich laut Abb. 8a bis c die Wirkung der verschiedenen Flankenwinkel α (später: stempelseitig) und β (später: Außenseite) gegen die Horizontale (Blechoberfläche) bei gleicher Einprägekraft. Laut Abb. 8a betragen sowohl die beiden Flankenwinkel $\alpha = \beta = 60°$ als auch der Keilwinkel $180° - (\alpha + \beta) = 60°$. Der Werkstoff wird lediglich quer

zur Schneideneindringrichtung verdrängt und weicht den Flanken entlang zur Oberfläche hin aus. Die aufgeworfenen Wulste sind erheblich, die Tiefenwirkung gering.
Bei Ausführung 8b beträgt der Winkel $\alpha = 60°$, der Winkel $\beta = 30°$ und der Keilwinkel 90°. Hierbei zeigt sich auf der 60°-Seite fast die gleiche Erscheinung wie bei 8a, auf der schwach geneigten 30°-Seite dagegen eine ausgesprochene Tiefenwirkung durch Verschiebung der Gefügezeilen unterhalb der Druckfläche. Die Werkstoffoberfläche neben der eingedrungenen Schneide weist keinerlei Veränderung auf, woraus hervorgeht, daß nach dem Grundsatz der Volumenkonstanz der in die Tiefe verdrängte Werkstoff zur Querverschiebung eines größeren Bereiches der Nachbarzone geführt hat.
Die Schneidenform laut Abb. 8c hat die Flankenwinkel $\alpha = \beta = 40°$ und den Keilwinkel 100°. Hierbei zeigt das Schliffbild, daß nicht nur keine Wulste aufgeworfen, sondern im Gegenteil die der eindringenden Schneide benachbarten Oberflächen links und rechts sogar geringfügig eingezogen worden sind. Die Tiefenwirkung nach Form c ist stärker als nach Form b, was mit Rücksicht auf die Volumenkonstanz auf eine gleichmäßige Materialquerverschiebung schließen läßt. Die Versuche wurden mit Meißelschneiden von 12 mm Länge an einheitlich gewählten Blechproben mit dem Querschnitt $s \times b = 8 \times 20$ mm fortgesetzt und an den Werkstoffen AlMgSi hart und weich, Elektrolytkupfer hart und weich, 16 Mn Cr 5 und St 60 ausgeführt.
Die im folgenden beschriebenen Untersuchungen wurden zunächst mit geradlinigen, parallelen Zwillingsschneiden mit den Flankenwinkeln $\alpha = 60°$, $\beta = 45°$, dem Keilwinkel 75° laut Abb. 8d an den Blechstreifen verschiedener Dicke von $b = 20$ mm Breite ausgeführt.
Es wurde laut Abb. 9 die Einpreßkraft (»Prägekraft«) und die Wirkung dieser Einprägung auf das nicht eingespannte freie Blechstreifenende untersucht. In Abhängigkeit von der Preßkraft F_{RK} wurden die Eindringtiefe h sowie die Auslenkungen x und y am 35 mm langen freien Blechende gemessen.
Dabei zeigte es sich, daß das freie Blechende in der Vertikalen »y« ausnahmslos zur Meißelseite hin ausgelenkt bzw. angehoben wird. Dies ist durch Biegemomente zu erklären, die durch die Flächenpressung der Auflageseite entstehen und wirksamer sind als die Biegemomente der Schneidenflanken. Hieraus geht hervor, daß diese Meißelform – in gleicher Richtung wirkend wie der Schneidstempel – besonders dafür geeignet ist, während des Schneidvorganges den Restquerschnitt der Trennzone unter Spannung zu halten, nicht aber den bereits geschnittenen Teil und die Schnittstempel-Seitenflächen.
Messungen von h, x und y wurden an 1 mm dicken Al 99,5 w, an 1,25 mm dicken St 12 und 3 mm dicken St 42 durchgeführt, wobei in Abb. 9 die h-Werte durch ausgezogene, die x-Werte durch kurz gestrichelte und die y-Werte durch strichpunktierte Linien dargestellt sind. Infolge der Verschiedenartigkeit von Werkstoff und Dicke läßt sich eine Gesetzmäßigkeit hieraus nicht ableiten, zumal vom Abstandsmaß 35 mm allein y abhängig ist, hingegen für x und h allein die Festigkeit maßgebend sein mag.
Mit der gleichen Meißelform lt. Abb. 8d, jedoch geschlossener Ringzacke, wurden weitere Untersuchungen am Werkzeug laut Abb. 2 zur Ermittlung des spezifischen Kraftbedarfs p_{RK} in kp/mm an verschieden dicken Blechen aus Al 99,5 und Stahlblech mit $C < 0{,}1\%$ durchgeführt. Abb. 10 und 11 zeigen die Versuchsergebnisse. Die gemessenen Werte sind in Tab. 1 enthalten. Zum Vergleich ist in Abb. 10 die geradlinig verlaufende Kennlinie für Al 99,5 h und in Abb. 11 die für St 1–4, C 10, C 15, Ms 1/2-hart, AlMgSi h und E–Cu h nach GUIDI [14] eingetragen. Diese linearen Charakteristiken stützen sich auf die einfache Beziehung

$$p_{RK} = 4 \cdot \sigma_B \cdot h$$

Nach GUIDI wäre hiernach der Einfluß der Blechdicke unerheblich. Im Gegensatz hierzu beweist Abb. 10 eindeutig und gleichfalls Abb. 11 unter Einschränkung der nahezu aufeinanderfallenden Kurven zu den Blechdicken $s = 2$ und $s = 3$ mm, daß ein bemerkenswerter Einfluß der Blechdicke besteht, der nicht vernachlässigt werden sollte und dessen Tendenz zunächst überrascht. Denn es war im Hinblick auf die harte Schnittplatte als Unterlage ein tieferes Eindringen in den dicken weichen Blechwerkstoff als in den dünnen zu erwarten. Eine Erklärung für dieses Verhalten ist offenbar darin zu suchen, daß beim dicken Blech unter der eingedrungenen Ringzacke eine größere Restdicke erhalten bleibt als bei dünnen Blechen, die einer Werkstoffverdrängung in Blechebene größeren Widerstand bietet. Weiterhin weisen die Kurven in Abb. 10 und 11 keinen geraden Kurvenverlauf auf. Immerhin dürften die Werte nach GUIDI zwecks Einstellung der Ringzackenkraft bzw. Blechhaltekraft in der Praxis als brauchbarer Anhalt dienen.

KRÄMER [15] weist auch auf die Zusammenhänge zwischen Ringzacken-(Präge-)Kraft und Glattschnittanteil hin und gibt seine Versuchsergebnisse bekannt. Im folgenden wird jedoch nachgewiesen, daß nicht nur die spezifische Prägekraft des Blechhalters (Preßplatte), sondern auch andere Faktoren, besonders die Schneidspaltgröße, auf den Glattschnittanteil des geschnittenen Bleches einen erheblichen Einfluß haben. Der Abstand a der Meißelschneide von der Schneidkante (vgl. Abb. 7) kann bei konvexer Schnittlinienführung und genügend breitem Einspannquerschnitt kleiner als die Blechdicke sein. Bei konkaven sollte er größer gewählt werden, um die Schnittplatte nicht unnötig hoch zu belasten.

Bei unterbrochenen Genauschnitten muß stets Sorge für die Symmetrie aller Einprägungen im Blech getragen werden. Andernfalls gefährden die hierdurch verursachten Querkräfte die Erhaltung eines allseitig gleich kleinen Schneidspaltes. Es ist weiterhin bedenklich, wenn an den Trennlinien eines unterbrochenen Genauschnittes, für welche keine Genauschnittgüte verlangt wird, ungleiche Spaltweiten vorhanden sind. Die dann auftretenden großen Querkräfte, welche die Werkzeug- bzw. die Maschinenführungen erheblich belasten, können gleichfalls zur Störung des Spannungsgleichgewichtes in der Scherzone und damit zur Rißbildung führen. Daher ist es oft zweckmäßiger, alle Paßflächen der einzelnen Werkzeugelemente, zusammengesetzter Stempel und Schneidplatten in Genauschnittgüte herzustellen.

Mit Rücksicht auf einen möglichst niedrigen Schnittstempelverschleiß soll die Pressung des Blechhalters (äußeren Gegenhalters) möglichst klein gehalten werden. Die richtige Einstellung des inneren Gegenhalters (gegen Schnittstempel), die Verhinderung der elastischen Einfederung des Schnitteiles führen zum zuverlässigen Abstützen der Fließzone beim Schneiden und darüber hinaus zum Abbau des seitlichen Druckes, den das Blech gegen den Schaft des Schneidstempels ausübt. Abb. 12 zeigt den infolge eines solch unerwünscht hohen Seitendruckes eingetretenen Verschleiß des Stempelschaftes an der Schneidkante. Ähnliche Verschleißerscheinungen sind auch an üblichen Schnittwerkzeugen zu beobachten [16].

Auf weitere Eigenarten des Blechhalters wird in Abschnitt 2.4 und 2.5 eingegangen.

2.3 Untersuchung des Schnittkantenanschliffs (Scharfschliff oder Rundung?)

Genauschnittversuche mit ebenem Blechhalter haben bei Verwendung scharf geschliffener Schnittkanten Erfolg, wenn eine bestimmte Blechdicke nicht überschritten wird und beste Fließeigenschaften im Blech vorhanden sind. Scharfe Kanten üben eine Kerbwirkung bei der Faserumlenkung aus und erzeugen Schubspannungsmaxima. Werden die Schubspannungen noch von Biegespannungen überlagert (Ausweichen von Werkstoff aus der Scherzone zur Matrize oder zum Blechhalter), so tritt die Rißgefahr früher ein.

Beim Scharfschliff sowohl am Stempel als auch an der Matrize ist darauf zu achten, daß die Schleifscheibe möglichst stets radial zur Stempelmitte, bei der Matrize stets von innen nach außen bewegt wird. Es hat sich gezeigt, daß selbst bei bester Kühlung und richtiger Schleifgeschwindigkeit die Kristallkörner der Schneidelemente auf der Schleifscheibenaustrittseite stets eine wenn auch geringfügige Reckung erfahren. Bei einer später einsetzenden hohen Beanspruchung brechen diese Körner bevorzugt heraus und bewirken eine erhöhte Gratbildung am Werkstück. Die in dieser ungünstigen Art geschliffenen Schneidelemente führen beim Werkzeugzusammenbau zu Täuschungen bezüglich des verlangten minimalen Schneidspaltes. Bei Lichtspaltkontrollen verdeckt der kleine vorhandene Grat teilweise den Spalt und täuscht somit eine geringere Spaltweite als vorhanden vor. Eine solche Fehlbeobachtung führt zu einer geringen Standmenge des Werkzeuges und zu unzureichend glattgeschnittenen Werkstücken.

Mit Rücksicht auf die Erleichterung des Fließens des Werkstoffes ist eine planmäßige Rundung mit dem Radius r einer zufälligen selbsttätigen Kantenkorrektur infolge Abnutzung vorzuziehen. Die außerordentlich hoch beanspruchten Schneidkanten unterliegen einer unvermeidlichen Abnutzung, so daß man deren bewußte Rundung sich seit langem zunutze machte. HOWARD [17], der ohne inneren und äußeren Gegenhalter bzw. Blechhalter einwandfreie Glattschnitte erzeugte, schlägt ein maximales Verhältnis $r/s \leqq 1/10$ vor. Es ist bekannt, daß mit größer werdender Rundung zwar der Glattschnittanteil – bezogen auf die Blechdicke – größer, dafür aber beim Arbeiten ohne Gegenhalter auch die unerwünschte Durchwölbung des Teiles größer wird. Dabei ist in Kauf zu nehmen, daß eine Kantenrundung der Matrize eine entsprechende Gratbildung am Stanzgitter (Blechabfall), eine Stempelkantenrundung eine solche am Werkstück hervorruft, wodurch Nacharbeit erforderlich ist (Planschleifen des Werkstückes). Der Nutzen einer Schneidkantenrundung in Genauschnittwerkzeugen besteht darin, daß mit niedrigeren Blechhaltedrücken gearbeitet werden kann als bei Scharfschliff. Genügend große Rundungen führen zum zusätzlichen Aufbau von Querdruckspannungen in der Scherzone, wodurch der Blechhalter eine Entlastung erfährt, d. h. eine geringere Blechhaltekraft genügt. Die Kantenrundung stellt außerdem eine Hilfe dar gegen übermäßige Werkzeugabnutzung beim Arbeiten an zu leichten Pressen, deren Gestellfederung ein Eintauchen des Stempels in die Matrize zuläßt. An Stelle einer Kantenrundung ist es möglich, die Matrizenschneidkante mit einer kleinen Phase von ca. 15° Neigung gegen die Senkrechte und ca. 0,2 mm Höhe zu versehen. Einer hierdurch bedingten Verhinderung von Anrissen steht jedoch eine Verkürzung der Werkzeugstandzeit gegenüber.

2.4 Untersuchung des elastischen Verhaltens der Schneidelemente

Elastische Formänderungen können sowohl am Stempel als auch an der Matrize auftreten. Dabei ist eine Biegebeanspruchung unerwünscht und durch ausreichend bemessene Unterbauteile wie beispielsweise Grundplatten möglichst zu vermeiden, weil sonst je nach vorhandenem Widerstandsmoment störende Formänderungen am Werkzeug oder gar Werkzeugbrüche auftreten.

Von den beiden Grundprinzipien der Werkzeugbauart: a) Arbeiten mit beweglichem Stempel, d. h. der Ausschneidestempel wird im beweglichen Blechhalter und der wiederum von den Säulen im festgespannten Matrizenteil des Werkzeuges geführt, b) Arbeiten mit festem Stempel, der auf der Werkzeuggrundplatte festgeschraubt ist und den Blechhalter führt, während die bewegliche Matrize direkt von den Säulen der Grundplatte geführt wird, ist die Methode a nur für dünne Bleche oder kompakte Schnittbilder geeignet (vgl. Abb. 1 und 2). Der Unterschied besteht darin, daß bei a) der Stempel gegenüber der Matrize in einer zweifach-ineinander liegenden Passung geführt wird, während bei b) nur jeweils eine Passung die Führung übernimmt.

Der Verfasser hat die Methode a für seine Untersuchungen beim Übergang zu dickeren Blechen recht bald verlassen. Es wurde dann nur noch mit Stempeln gearbeitet, die in der Kopftraverse des Säulengestelles fest verschraubt waren. Die Auslenkung des Stempels aus der Senkrechten unter Einwirkung von Querkräften war vernachlässigbar klein. Dagegen entsprach die Verhaltensweise der Führungssäulen bei Querkräften der üblichen Federrate $C = \frac{F}{f}$ (mit F = Kraft und f = Durchbiegung). Der Federweg hängt von den Säulenabmessungen und dem Einspannzustand ab. Es wurde darauf geachtet, daß keine einseitigen Querkräfte beim Schneiden auftraten, daß also auch bei Schnittversuchen mit geteilten Werkstücken stets ein Querkraftausgleich stattfand.

Die verwendeten Schnittstempel waren alle einwandfrei knicksteif, so daß selbst die elastische Stauchung wegen Geringfügigkeit vernachlässigt werden konnte. Dafür wurde die Aufmerksamkeit ganz besonders der Matrize zugewandt. Unter Einwirkung der Schnittkraft wird der zu trennende Blechwerkstoff vom Stempel in die Matrize gepreßt. Beim Arbeiten ohne inneren und äußeren Gegenhalter weicht ein Teil des Werkstoffes aus der Scherzone in die Matrize aus. Je größer das Verhältnis d/s (Stempeldurchmesser/Blechdicke) ist, um so stärker wölbt sich das Blech unter dem Stempel aus. Das Werkstück unter dem Stempel bzw. der Lochbutzen – je nachdem, ob Ausschneiden oder Lochen beabsichtigt ist – entspricht einer Feder, deren Steifigkeit mit abnehmendem d/s-Verhältnis zunimmt. Der Preßsitz dieser »Feder« in der Matrize hängt von den Blechwerkstoffeigenschaften, dem Querschnitt des Stanzteiles und der Matrizenbauart ab. Bei Arbeiten ohne Gegenhalter kann die elastische Federung des Bleches in der Matrize auf radiale Stauchung und Biegung zurückzuführen sein, wobei Biegung stets eine »weiche« Feder ermöglicht. Bei Arbeiten mit Gegenhalter wird die Biegung ausgeschaltet. Je nach Flächenpressung p_i und p_{RK} kann nicht nur – wie bereits vorher erwähnt – die elastische Einfederung von Werkstoff in die Matrize, sondern auch ein einseitiges Ausweichen in die Blechnachbarzonen verhindert werden. Mit Hilfe eines geeigneten Blechhalters läßt sich das elastische Verhalten beiderseits der Scherzone ausgleichen. Der eingespannte zu schneidende Werkstoff kann also in erster Näherung als »starr« angesehen werden. Um dies zu klären, wurden die Veränderungen in der Matrize wie folgt untersucht:

Für das Versuchswerkzeug zu Abb. 1 wurde eine Matrize der Abmessungen $d_i = 30$ mm $\varnothing$, $d_a = 58$ mm $\varnothing$, Höhe 25 mm, Werkstoff-Nr. 2842 verwendet. Das ist ein legierter Werkzeugstahl der Bezeichnung 90 Mn V 8 mit 0,9 C, 0,2 Si, 2,0 Mn und 0,1 V nach DIN 17006. Es wurde mit und ohne inneren Gegenhalter, mit und ohne Blechhalter geschnitten. Die Ergebnisse sind in Abb. 13 dargestellt. Daraus geht hervor, daß die Auffederung der Matrize auf Grund der Radialspannungen des eindringenden Werkstoffes proportional der Blechdicke und -festigkeit ist. Der Gegenhalter setzt – wie vorher erwähnt – mit abnehmender Blechdicke die Federsteifigkeit des Werkstückes herauf. Bei einem Verhältnis $d/s < 15$ verliert er diesen Einfluß. Der Blechhalter vermindert die Auffederung. Der Matrizenring wurde auf Dehnung beansprucht, wobei für die ihn dehnende Kraft F_d näherungsweise gilt:

$$F_d = d \cdot s \cdot k_{fm} \cdot \frac{1}{\eta}$$

d. h. sie ist gleich dem Produkt aus Werkstückprojektion und mittlerer Formänderungsfestigkeit k_{fm}.

Der Formänderungswirkungsgrad η berücksichtigt die Reibung in der Matrize. Die Auffederung führt zu einer Vergrößerung des Schneidspaltes und gemäß Abb. 14 zur Neigung der Scherfläche gegen die Senkrechte um den Winkel γ. Eine Vergrößerung des Schneidspaltes fördert die Rißgefahr. Die gleiche Wirkung haben steigende Reibungswerte an der Matrizenwandung. Außer der Auffederung trat an der Schnittkante ein Aufwerfen um Δh nach Abb. 13 unten ein. Bei $s = 5$ mm wurde eine Differenz Δh von über 0,1 mm gemessen, die gleichfalls am gelochten Stanzstreifen nachweisbar war.

Die Forderung nach zur Blechoberfläche senkrechten Scherflächen kann nur im Rahmen der erreichbaren Matrizenstarrheit erfüllt werden, wobei vorgespannte Matrizen eine höhere Steifigkeit als nicht vorgespannte aufweisen. Eine Auffederung der Matrize des Versuchswerkzeuges nach Abb. 1 wurde so lange aufrecht erhalten, wie die Blechhaltekraft wirksam war. Dies entspricht dem Spannungsgleichgewicht, welches bis zum Ende des Trennvorganges zwischen dem eingespannten Blech außerhalb und innerhalb der Schnittlinie aufgebaut war. Erst nach Abbau der Blechhaltekraft, Gegenhaltekraft durch Ausschaltung der vom unteren großen Arbeitszylinder aufgebrachten Hauptkraft F_1 federte die Matrize zurück. Entsprechend der Federkraft der Matrize wurde das geschnittene Werkstück nun im Durchmesser vermindert, wobei der Matrizendurchmesser auf das Ausgangsmaß zurückging und am Werkstück nach dem Ausstoßen nur noch die elastische Rückfederung als Übermaß verblieb.

Im Unterschied zum Werkzeug nach Abb. 1 wurde am Versuchswerkzeug zu Abb. 2 mit abgestützten Schneidelementen gearbeitet. Mit Rücksicht auf die verlangte Verstellbarkeit des Schneidspaltes wurde keine einteilige Matrize verwendet. Es konnte auch keine kontrollierte Vorspannung aufgebracht werden. Die Untersuchung des elastischen Verhaltens der zusammengesetzten Matrize ergab, daß mit zunehmender Blechhaltekraft die Auffederung geringer wird. Da im vorliegenden Falle die Matrize nicht so genau kontrolliert werden konnte wie vorher, wurden die Scherflächenneigungswinkel γ gegen die Senkrechte zur Blechoberfläche als Aussagebasis gewählt, siehe Abb. 14, welches auch die verwendeten Meißelformen (Winkel $\alpha = \beta = 60°$) und die verschiedenen Abstände a zeigt. Die nachfolgenden Abb. 15–18 weisen die Abhängigkeit des Neigungswinkels γ von der spezifischen Ringzackenkraft p_{RK} für AlMgSi, Al 99,5 und Stahlblech mit $C < 0{,}1\%$ nach. Mit zunehmender Blechhaltekraft wird der Winkel γ kleiner, wobei diese abfallende lineare Tendenz bei härteren Blechwerkstoffen geringer, bei weichen besonders ausgeprägt ist. Im Hinblick auf die Abhängigkeit der ermittelten Werte von der Matrizenkonstruktion läßt sich mit ihnen keine allgemeingültige Gleichung aufstellen.

2.5 Der Schneidspalt

Die Empfehlungen für die Bemessung des Schneidspaltes nach den üblichen stanzereitechnischen Schnittverfahren treffen für das Genauschneiden nicht zu. Bei jenen ist der Schneidspalt u_s von der Blechdicke, Scherfestigkeit und verlangten Schnittgüte abhängig [18]. Dabei können sich die Forderungen einerseits auf die Erzielung eines möglichst hohen Anteils an glattgeschnittener Fläche, anderseits auf einen möglichst kleinen Kraftbedarf als extreme Grenzen erstrecken. Da hierbei der Schnittstempel stets in die Matrize, wenn auch nur geringfügig, eintaucht, muß zur Erzielung einer wirtschaftlichen Werkzeugstandzeit ein solcher Schneidspalt gewählt werden, der größer ist als das Spiel in den Führungen einschließlich der Verkantungsmöglichkeit. Der plastischen und elastischen Formänderung des Schnitteils samt seiner Abfälle wird meist keine besondere Beachtung geschenkt.

Die Angaben über den Schneidspalt beziehen sich stets auf den statischen Zustand des unbelasteten Werkzeuges. Guidi [19] beschreibt die beiden an und für sich bekannten Methoden der Stempel- und Matrizenpaarung, denen zufolge entweder der gehärtete fertige Stempel zum Durcharbeiten der Matrizenöffnung oder die gehärtete fertige Matrize zur Feinbearbeitung des noch weichen Stempels benutzt wird. Die erforderliche nachfolgende Warmbehandlung kann Formänderungen zur Folge haben. Da eine spangebende Nachbearbeitung nur mit einer örtlichen Vergrößerung des Schneidspaltes verbunden ist, wird entweder ein verzugsarmer Werkstoff mit einem verzugsfreien Härteverfahren gewählt werden müssen, oder Matrize und Stempel samt den Führungen werden getrennt in den vorgeschriebenen engen Toleranzen auf hochwertigen Bearbeitungsmaschinen hergestellt, montiert, sorgfältig ausgerichtet, um in erster Linie die gewünschte enge Passung der Schneidelemente zu gewährleisten, und werden zum Schluß in den Führungen der besonders starren Säulengestelle (meist mit Kunstharz) vergossen.

Die Untersuchungen des Verfassers wurden an Werkzeugen durchgeführt, deren Schneidspalt in der Ruhestellung sowohl ein konstantes positives Maß $+ u_s$, ein Maß $u_s = 0$ und ein Maß $-u_s$, also eine Überdeckung aufwies. Diese Untersuchungen wurden dahingehend erweitert, daß am Versuchswerkzeug zu Abb. 1 die Lage der Matrize gegenüber dem Stempel durch exzentrische Verschiebung verändert, also verschiedene Spaltweiten im gleichen Werkzeug erzielt werden konnten. Weiterhin bestand am Werkzeug zu Abb. 2 die Möglichkeit einer stufenlosen Schneidspaltverstellung.

Dabei wurden folgende Feststellungen getroffen:

1. Der höchste Anteil an glattgeschnittener Fläche konnte stets ohne Streuung mit einem Schneidspalt von $u_s = 0$ (bezogen auf die Ausgangslage) erzielt werden. Hierzu genügte ein Minimum an Blechhaltekraft. Ferner konnten gemäß Abb. 19 links mit dem inneren Gegenhalter G_i allein, d. h. ohne äußeren Blechhalter G_a, bis 5 mm dicke Bleche Al 99,5 w glattgeschnitten werden.
   Mit zunehmendem Schneidspalt u_s wurde beim Arbeiten ohne äußeren Blechhalter der Glattschnittanteil kleiner bzw. der Bruchflächenanteil größer, oder aber es mußte die spezifische Blechhaltekraft F_{Ga} heraufgesetzt werden, was erhöhten Werkzeugverschleiß zur Folge hatte.
   Sämtliche Schnitte wurden mit Werkzeugscharfschliff (im Ausgangszustand) ausgeführt (Abb. 21). Die Angaben zu Abb. 19 und 20 sind in Tab. 2–5 enthalten.
2. Beim Arbeiten mit unterschiedlicher Spaltweite durch exzentrische Verschiebung von Stempel- zur Matrizenmitte wurde stets im Bereich des kleinsten Spaltes – vor allem mit $u_s = 0$ – und negativen Werten bei kleinsten Spannkräften (F_{Gi}, F_{Ga}) ein optimaler Glattschnitt – gleichgültig ob bei gekrümmter oder gerader Schnittlinie – erzeugt, wenn die der Verzerrung (dem Fließen) ausgesetzte Trennzone unter einer genügend großen Querspannung stand. Auf der entgegengesetzten Seite mit dem größten Schneidspalt trat stets ein vorzeitiger Trennbruch ein. Die Ursache hierfür ist laut Mohrschem Spannungskreis in der ungünstigen Überlagerung von Schub- und Biegezugspannungen zu sehen. Diese Biegespannungen werden durch die Querbewegung des Blechwerkstoffes gegenüber der Matrize hervorgerufen, wodurch ein frühzeitiger Trennbruch begünstigt wird. Ein Ausgleich wäre durch eine unterschiedliche Blechhaltepressung möglich, wobei in gewissen Grenzen mit zunehmendem Schneidspalt u_s dieselbe ansteigen müßte. Da bei eintretendem Trennbruch das Spannungsgleichgewicht zwischen Matrize, Stempel und Blechhalter ge-

stört wird, treten infolge der oben genannten exzentrischen Anordnung des Stempels zur Matrize außerordentlich hohe Querkräfte auf, welche die Führungen beanspruchen und bei partiellen Genauschnitten zu erheblichen Werkzeugschäden führen können. Auch ist eine Verlagerung des Kraftmittelpunktes damit verbunden.

3. Bei gleichem Schneidspalt u_s am Stempelumfang wurde hingegen im Bereich der Trennlinie ein einwandfreier Glattschnitt erzielt, weil sich in diesem Bereich zuerst die erforderlichen Druckspannungen des Einspannzustandes aufbauen konnten. Dies betrifft auch ungleiche Blechdicken, auf die unter 3.1 näher eingegangen wird.
   Im übrigen ist das erfolgreiche Glattschneiden von der Einhaltung gleichmäßiger Spannungszustände bei gleichmäßiger Schneidspaltgröße abhängig. Schneidspalte bis zu $u_s \leqq 0{,}02$ mm ermöglichen bei Feinblechen einen günstigen Gesamtkraftbedarf der Presse. Doch kam auch nach Abb. 13 trotz Auffederung beim Schneidspalt $u_s \leqq 0{,}05$ mm ein einwandfreier Glattschnitt – allerdings bei entsprechender Gratbildung – noch zustande.

Zusammenfassend sei hierzu folgendes festgestellt: Das Glattschnittergebnis ist in seiner Güte mit von der Anisotropie (r-Faktor) des Werkstoffes abhängig. Bei Al 99,5 w übt der Schneidspalt in gewissen Grenzen keinen nachteiligen Einfluß auf die Höhe des Glattschnittanteils aus, wenn mit einer ausreichenden Gegenhaltekraft F_{Gi} feingeschnitten wird. Demgegenüber ist der Einfluß der äußeren Gegenhalte- bzw. Blechhaltekraft geringer. Bei Stahlblechen liegen die Verhältnisse offenbar umgekehrt. Hier tritt der Einfluß des inneren Gegenhalters in bezug auf den Glattschnittanteil der Scherfläche gegenüber dem äußeren Ringzackenblechhalter zurück. So ergeben schon kleine Ringkerbentiefen von $h = 0{,}03$–$0{,}1$ s unter Umständen eine völlig glatt geschnittene Scherfläche, wenn der Schneidspalt sehr klein, möglichst $u_s = 0$, ist. Ist bei Scharfschliff der Schneidspalt um ein weniges größer als $u_s \gg 0{,}01$ mm, so kann mit zunehmender Blechhaltekraft der verlangte Glattschnittanteil auf Kosten erhöhten Werkzeugverschleißes erreicht werden. Das Prinzip der Erzielung von anrißfreien Glattschnitten beruht primär auf einer solchen sicheren Blecheinspannung, daß kein Werkstoff aus dem Scherzonenbereich verdrängt wird. Das Stempeleintauchvolumen im Blech soll dem Blechvolumen in der Matrize entsprechen. Die Verdrängung des Volumens der unvermeidlichen Kantenrundung erzeugt bereits die benötigten Querdruckspannungen. Bei zu großem Schneidspalt oder bei auffedernder Matrize fließt sekundär Werkstoff aus der Blechhalterzone über deren Kantenrundung in den Scherbereich. Die höchsten Qualitätsanforderungen betreffs Werkzeugherstellung werden bei Scharfschliff bzw. $r_{\min}$ gestellt.

2.6 Die Werkzeugführung

Unter Bezugnahme auf die vorhergehenden Ausführungen ist zu erkennen, daß zur Aufrechterhaltung eines engen Schnittspaltes und zur Aufnahme hoher Querkräfte ausreichend bemessene starre Führungen erforderlich sind, deren Gesamttoleranzen und -spiele klein genug sein müssen. Hierbei dienen die Werkzeugsäulenführungen nur dem sicheren Einrichten der Schneidkanten zueinander. Führungssäulen allein erweisen sich gegenüber betrieblichen Querkräften als unzureichend. Um Verkantungen im Werkzeug zu verhindern, werden die Führungsbahnen für den Pressenstößel oder das Werkzeugauswechselgestell [20] bis in Höhe der Schneidebene verlängert. Vorgespannte Kugelführungen gewährleisten Spielfreiheit bei gleichzeitiger sehr geringer Rollreibung. Die großen Querkräfte, welche durch Unterschiede in der Werkstoffqualität, in der Blechdicke oder bei unsachgemäßem Streifenvorschub auftreten können, lassen sich durch die Säulenführungen allein nicht aufnehmen. Sie müssen vom Maschinenkörper mit entsprechend ausgebildeten Führungen aufgenommen werden. Wegen unzureichender Maschinenfunktion wurde – wie unter 4. noch dargelegt – ein hochwertiges Werkzeug in Mitleidenschaft gezogen.

3. Werkzeug-Kriterien

3.1 Auswirkung der Blechdickentoleranzen nach DIN 1541/44

Der weitaus größte Anteil von Feinschnitteilen wird aus Stahlwerkstoffen hergestellt. Für die Lieferbedingungen der Bandbreiten und -dicken gilt die DIN 1541/44 [21] mit den normalen und Feintoleranzfeldern (Abb. 22). Die Abweichungen in der Breite des Vormaterials liegen außerhalb des Interesses. Bezüglich der Dickentoleranzen ist zu berücksichtigen, daß diese sowohl in Längs- als auch in Querrichtung eines Bandes liegen können. Es fehlt eine Aussage darüber, innerhalb welchen Bereiches diese Dickenunterschiede auftreten können, so daß der Extremfall möglich ist, daß diese recht nahe beieinander liegen, wenn z. B. eine Störung oder Unterbrechung des Walzvorganges stattgefunden hat.
Beim üblichen stanzereitechnischen Trennvorgang mit genügend großem Schneidenspiel kann bei vorhandenen Blechdickenunterschieden eine Querverschiebung der Schneidkanten gegeneinander je nach Spiel der Führungen eintreten, wobei ein verschieden großer Spalt und eine unterschiedliche Trennflächengüte entstehen. Beim Genauschneiden müssen jedoch – wie in den vorhergehenden Abschnitten dargelegt – einerseits unerwünschte Querkräfte vermieden und anderseits entlang der Schnittlinie gleichmäßige Einspannzustände während des Schervorganges gewährleistet werden. Während im Vorhergehenden auf die Notwendigkeit einer genügend starren Maschinenbauart hingewiesen worden ist, wirkt sich dieser bei unterschiedlichen Blechdicken wie folgt aus: Ein mechanisch parallel geführter Gegenhalter spannt das Blech nur an der dicksten Stelle. Ein einwandfrei parallel geführter Stößel leitet den Schervorgang gleichfalls nur an dieser Stelle zuerst ein. Die Blechhaltekraft konzentriert sich hier ebenfalls. Da letztere vorgegeben wird, ist sie entsprechend der eingestellten Gesamtkraft entweder an der Seite der größten Blechdicke zu groß, auf der entgegengesetzten zu klein und nur im Mittel richtig. Oder aber es wird zur Erzielung einer genügenden Flächenpressung bei flachen Blechhaltern, Meißeleindringtiefe bei Formblechhaltern, eine überhöhte Kraft benötigt, die zu Verkantungen in den Führungen führen kann. Ein Vergleich der Abhängigkeit der Eindringtiefe von der spezifischen Preßkraft nach Abb. 11 mit den zulässigen Dickenabweichungen nach Abb. 22 zeigt, daß in diesem Rahmen die Preßkraftunterschiede und damit die erzeugte Vorspannung der Scherzone ganz erheblich sind, daß also mit den Methoden des Minimalkraftbedarfs für F_{Ga} nicht gearbeitet werden kann. Die Versuche des Verfassers wurden zur Ausschaltung einer ungleichmäßigen Blechhalterwirkung lt. Abb. 1 mit einer vierfachen Abstützung der Blechhalterkraft, aber auch lt. Abb. 2 mit zentraler Abstützung durchgeführt. Bei einer neigbaren Blechhalterplatte ist die im Werkzeugbau übliche axiale Führung am Schnittstempel oder in den Führungssäulen nicht möglich. Zur Verkürzung zeitraubender Versuche mit Blechen, deren Dickenunterschiede im zulässigen Bereich nach DIN 1541/44 liegen, wurde an einer Reihe von Proben als Blechdickendifferenz partiell

von der Oberfläche soviel abgetragen, wie dies der Größe des Toleranzfeldes entsprach. Bei üblicher, sonst erfolgreicher Gegenhaltekraft war es an den Stellen minderer Blechdicke nicht möglich, die erforderlichen Druckspannungen quer zur Schnittrichtung aufzubauen, so daß Schubspannungsrisse entstanden. Die Rißbildung pflanzte sich soweit fort, wie unzureichende Einspannbedingungen bestanden, die unter 2.1 und 2.2 in der erforderlichen Größenordnung beschrieben sind. Das gleiche war der Fall, wenn Blechquerschnitte durch Fehlstellen, Löcher, Schlitze eine unterbrochene Schnittlinie aufwiesen. Auch hierbei entsprach die Minderung an glattgeschnittener Fläche dem Druckabfall in der Einspannzone. Wurden dagegen die glattgeschnittenen Flächen zweier Bleche im Flächenschluß gegeneinander in ein Werkzeug eingelegt, so wurde von den Stoßstellen an ein einwandfreier Glattschnitt an beiden Hälften erzeugt.
Zusammenfassend ist zu sagen, daß die DIN 1541/44 in ihrer bisherigen Fassung die Anforderungen an Feinschnittmaterial nicht genügend berücksichtigen. Angesichts des fortlaufend zunehmenden Bedarfs an Feinschnittwerkstoff wäre eine Einengung der Blechdickentoleranzen insbesondere für Stahlbänder zu empfehlen.

3.2 Untersuchung der Kaltverfestigung in den Scherzonen

Die Kaltverfestigung der Scherzonen entspricht der Formänderung, wie man sie aus der Kristallgitterverzerrung im Schliffbild ermitteln kann. Über die Größe der Verfestigungszone und die Verteilung der Festigkeitsstufen in der Tiefe der Scherzone wurden von Reichel und Krämer hinreichende Angaben gemacht [7, 22], so daß sie an dieser Stelle nicht nochmals wiederholt werden. Der Verfasser hat an 6 mm dicken, mit Ringzacken-Genauschnittwerkzeugen ausgeschnittenen und gelochten Stahl- und AlMgSi-Blechen Rockwell-Härtemessungen über die Scherfläche durchgeführt. Hierbei zeigte sich ein steiler parabelförmiger Anstieg der Festigkeit von Schnittbeginn bis etwa zur Blechdickenmitte, und von hier nur noch wenig zunehmend bis zum Ende des Scherweges, wo also der Blechwerkstoff die größte örtliche Verfestigung ausweist. Einer späteren Forschungsarbeit mag es vorbehalten bleiben, die Verfestigungsverhältnisse in Abhängigkeit vom Schneidspalt, der Rundungsradien r_m und r_p (an Matrize und Stempelkante) sowie von der Oberflächenbeschaffenheit der Matrizenlochleibung bei verschiedenen Blech- und Werkzeugwerkstoffen zu untersuchen. Es ist jedoch bemerkenswert und wurde bereits unter 2. ausführlich dargelegt, daß für den abrißfreien Schervorgang die jeweiligen örtlichen Festigkeitswerte für Flächenpressungen und den Formänderungswiderstand zugrunde zu legen sind. Demzufolge muß sich der dreidimensionale Einspannzustand des Scherzonenbereichs nicht auf die Ausgangsfestigkeit des Bleches, sondern auf diese Maximalwerte beziehen. Die Höhe der Festigkeitszunahme – entsprechende Duktilität vorausgesetzt – ist außerdem dabei (z. B. bei vorgehärteten Werkstoffen) maßgebend für die richtige Werkstoffpaarung mit den Schneidelementen. Der Festigkeits- bzw. Härteunterschied muß groß genug, der Reibwert möglichst klein sein. Daher sollten bei höheren Festigkeiten der zu schneidenden Werkstoffe entweder Hartmetalle, Hartstoffe (FERRO-TIC) oder Werkzeugstähle mit verschleißfesten Nitrier- oder Karbidschichten eingesetzt werden.

3.3 Untersuchung des Fließverhaltens an scharfen Ecken

Bei völlig glatt geschnittener Scherfläche ist durch den Kantenabzug a diese stets kleiner als der Ausgangsquerschnitt. Die Zusammenhänge wurden untersucht. Es wurden folgende Einflußgrößen ermittelt:

1. die Blechdicke s
2. das Streckgrenzverhältnis σ_S/σ_B
3. die spezifische Blechhaltekraft p_{RK}
4. der Rundungsradius r_e der Ecke
5. der Eckenwinkel ε
6. der Reibwert μ bei kleinen $\sphericalangle$ ε- und r_e-Werten

Mit Rücksicht auf die allgemeinen Fließbedingungen ist es erklärlich, daß der Kanteneinzug mit der Blechdicke wächst. Die gleiche Wirkung hat ein Absinken des Streckgrenzverhältnisses σ_S/σ_B. Das Formänderungsvermögen ist von der Gefügeart und Korngröße abhängig.

Die Zunahme der spezifischen Blechhaltekraft p_{RK} als Erhöhung der Quervorspannung wirkt dem Biegevorgang in den Randfasern entgegen, vermindert also den Kanteneinzug a. Der Rundungsradius r_e einer Ecke wirkt sich dahingehend aus, daß bei Vorsprüngen eine erhöhte formändernde Spannung, bei Einsprüngen eine Minderung in bezug auf die zu schneidende Kante eintritt. Die allgemeinen Empfehlungen nennen als Grenzwerte $r_e \geqq 0{,}2 \cdot s$. Mit kleiner werdendem Eckenwinkel ε wird der Kantenabzug größer, ebenso mit steigendem Reibwert.

Da aus konstruktiven Gründen häufig die Notwendigkeit besteht, scharfwinkelige Stanzteile mit $\varepsilon = 90°$ und $r_e = 0$ zu erzeugen, wurden mittels Werkzeug nach Abb. 2 die Zusammenhänge wie folgt untersucht: Es wurden die Querschnittsformen sowohl an einer geraden Schnittlinie (entsprechend einem theoretischen Winkel $\varepsilon = 180°$) als auch an der Ecke mit dem Winkel $\varepsilon = 90°$ bei verschiedenen Werkstoffen, Blechdicken mit und ohne Blechhaltekraft gemessen. Die Ergebnisse sind auf den Abb. 23–32 für AlMgSi, Al weich und Stahlblech von C $< 0{,}1\%$ dargestellt. Dabei sind als Kennwerte der Kanteneinzug x' an der Blechoberfläche und y' in Schnittrichtung quer dazu sowie r' ein angenäherter Rundungsradius ermittelt worden.

Die gleichen Versuche wurden mit dem Werkzeug zu Abb. 1 unten rechts bei einem Eckenwinkel von $\varepsilon = 60°$ und $r_e = 0$ durchgeführt. Wegen der erhöhten Schubspannungskonzentration liegen hierbei naturgemäß die ermittelten Werte höher als bei einem 90°-Winkel (Abb. 33).

Bei genügend kleinen Reibwerten, duktilem Werkstoff und Mindestblechhaltekraft konnten einwandfrei glattgeschnittene Ecken erzeugt werden. Hierfür und aus Gründen der Formgenauigkeit war die Schnittmatrize des Versuchswerkzeuges nach Abb. 34 aus drei prismatischen Einzelteilen elektronenstrahlgeschweißt worden. Die Versuche wurden jedoch nur bis zu einer Blechdicke $s = 5$ mm durchgeführt.

Die Schwierigkeiten liegen in der hohen Kraftkonzentration an der Schnittlinienecke des Schneidstempels von $\varepsilon = 60°$ (Abb. 1 II). Weiche Werkstoffe ließen sich mit geringem Verschleiß schneiden. Bei Blechfestigkeiten eines $\sigma_B > 100$ kp/mm² (Beispiel C 53 gehärtet, angelassen) trat eine starke Verformung der Stempelecken und auch der Matrizenkanten (Verbiegung nach innen) ein. Stempel und Matrize waren aus Werkzeugstahl der Stahllisten-Nr. 2842 gehärtet, angelassen, 63 HRc, gefertigt (Abb. 35). Daher wurde auf Schneidelemente aus härtbarem Hartstoff (FERRO-TIC) einer Härte HRc = 71 übergegangen. Hartmetall für die eigenen Versuche wurde nicht verwendet, weil bewußt Schneidspalt- und Querspannungsveränderungen als Parameter eingesetzt werden, die für Hartmetall schädliche Biegespannungen auslösen können.

3.4 Vergleichende Betrachtung unterschiedlicher Gefügestrukturen

Das Genauschneiden hat seinen Ursprung bei der Verarbeitung »weicher« Werkstoffe mit einem möglichst hohen Formänderungsvermögen und begrenzter Kaltverfestigung. Hierzu gehören Rein-Aluminium, Al-Knetlegierungen mit geringen Legierungsanteilen, Kupfer und Kupferlegierungen, kohlenstoffarme Stähle. Grobkorn hat hierbei niedrige Scherfestigkeitswerte, so daß bei Beginn des Schervorganges eine relativ geringe Kantenrundung eintritt, siehe Abb. 36. Bei der Stempelvorschubbewegung finden nicht nur Kornverzerrungen in dieser Richtung, sondern auch quer dazu statt. Dies trifft beispielsweise für partielle Genauschnittoperationen zu, wo der Werkstoff die Möglichkeit hat, aus der Zone der hohen Spannungen in den nicht ausreichend vorgespannten Bereich mit normaler Schneidspaltgröße auszuweichen, wie dies aus dem Schliffbild dicht unterhalb der gegenhalterseitigen Blechoberfläche des Ausschnittes *a* zu Abb. 37 hervorgeht. Hier war der Trennbruch des $s = 3$ mm dicken Werkstückes bereits nach 0,9 mm Scherweg eingetreten. Andere glattgeschnittene Zonen weisen gemäß Ausschnitt b und c in Abb. 37 unterhalb des Kanteneinzuges parallel zur Oberfläche keine erkennbare Gefügeänderung auf.

Im Austausch gegen viele vorher spangebend erzeugte und oft hoch beanspruchte Bauelemente werden Blechwerkstoffe höherer Festigkeit eingesetzt. Parallel dazu laufen Bemühungen, Schnitteile höherer Festigkeit, die bisher in zwei Arbeitsgängen: Ausschneiden und Repassieren (Schabeschnitt) hergestellt wurden, in einer Operation genauzuschneiden. Während beim Schabeschnittverfahren – bezogen auf die Schnittlinienlänge – ein relativ kleiner Kraftbedarf vorliegt, weil der Spanquerschnitt zumeist nur einem Bruchteil der Blechdicke entspricht, liegt beim Genauschneidverfahren ein viel höherer spezifischer und demnach auch Gesamtkraftbedarf vor. Es hat sich gezeigt, daß zwei Wege offen stehen:

a) entweder wird ein Werkstoff in weich geglühtem Zustand geschnitten und anschließend durch Wärmebehandlung vergütet,
b) oder ein geeigneter Werkstoff wird bei entsprechender Zähigkeit gehärtet, vergütet und dann geschnitten, so daß dann Wärmeverzug und Oberflächenbeeinträchtigung entfallen.

Beide Wege wurden vom Verfasser beschritten. Die Arbeitsweise zu a) gewährleistet eine lange Standzeit der Werkzeuge und geringere Maschinenkräfte. Die Methode zu b) ergibt bei sorbitischen bzw. bainitischem Gefüge vorzügliche Scherflächen, jedoch erheblich herabgesetzte Standzeiten der Schneidelemente und erhöhte Pressenkraft. Die Auswahl des jeweiligen Verfahrens richtet sich nach der vorliegenden Stückzahl und dem Gesamtfertigungsaufwand auf Grund einer Wertanalyse.

Abb. 38 stellt die Querschnitte 1 (Ausschneiden) und 2 (Lochen) an einem $s = 2{,}6$ mm dicken Stanzteil aus CK 60 dar. Dabei ist die Stabilität der Einspannung beim Ausschneiden gewährleistet, zumal die Schnittlinie konvex ist. Beim Lochen ohne Gegenhalter ist der letzte Teil der Schnittlinie nicht ganz fehlerfrei. Dies wird wegen der leichteren Abführung der Lochbutzen in Kauf genommen.

Bei Stahlwerkstoffen mit höheren Kohlenstoffgehalten sind die Art der Gefügeausbildung, der Verteilung schwer umformbarer Karbide, der Perlitform und darüber hinaus die Korngröße von grundsätzlicher Bedeutung. Hierfür ist nicht nur die Art der Erschmelzung, sondern insbesondere die Art des Walzens einschließlich der Warmbehandlung entscheidend [23]. Auf Abb. 39 ist ein geeigneter Stahlblechwerkstoff mit ca. 0,4% C dargestellt, mit dem bei einer Blechdicke von $s = 4{,}5$ mm einwandfreie Glattschnitte bei relativ niedrigem Kraftbedarf der Maschine erzeugt werden konnten. Auf

Abb. 40 ist dasselbe Ausgangsmaterial bei ungeeigneter Gefügestruktur zu erkennen. Die Ballung von feinstreifigem Perlit mit dem wesentlich ungünstigeren Umformverhalten steht Ferritzonen gegenüber, deren Formänderung beim Schneiden im engen Fließbereich eine innere Kerbwirkung erfährt. Der Aufwand an Vorspannung, um dennoch ein abrißfreies Genauschneiden zu erzielen, würde wegen der hohen Kraftkonzentration die Werkzeugwerkstoffe überfordern und einen unwirtschaftlich hohen Verschleiß hervorrufen.

In der Abbildungsreihe 41–46 sind die Gefügezustände für den Werkstoff C 53 nach verschiedenartiger Warmbehandlung zu erkennen. Mit Ausnahme der im Wasser abgeschreckten Probe lt. Abb. 43 war das Genauschneiden von $s = 2$ mm dicken Blechen einwandfrei möglich, ohne eine der höheren Festigkeit entsprechende Steigerung der Blechhaltekraft durchführen zu müssen. Es wird darauf hingewiesen, daß die Schneidbedingungen mit der Höhe der Anlaßtemperatur günstiger werden. Die beste Schneideignung bei geringster Beanspruchung der Werkzeugelemente hat die Ausführung lt. Abb. 46 mit dem feinverteilten Zementit und günstigen Bedingungen der Ferrit-Grundmasse, ähnlich wie auf Abb. 39. Dünne Stahlbleche höherer Festigkeit lassen sich erfolgreich glattschneiden, wenn Bainitgefüge (Endgefüge unmittelbar aus dem Austenit unter Umgehung der Martensitstufe) mit entsprechender Formbarkeit und Zähigkeit vorliegt. Ganz vorzügliche Schneideigenschaften wurden an dem Werkstoff N-A-XTRA [24], einem vergüteten schweißbaren Baustahl mit einer Streckgrenze von $\sigma_s \geqq 50$ kp/mm² ermittelt. Der Kohlenstoffgehalt liegt bei $C \leqq 0{,}2\%$. Der Mittelwert der Gehalte an Legierungsstoffen lautet: Si 0,6%, Mn 0,9%, Cr 0,7%, Mo 0,3%, Ni 1,5%; Karbidbildner Zr. Das Gefüge zeigt gemäß Abb. 47–49 ein ausgesprochenes Feinkorn. Der spezifische Schneidwiderstand der untersuchten Proben, deren Dicke mit Rücksicht auf die Versuchspresse nur auf 5 und 3 mm bemessen werden konnte, lag bei $\tau_B = 0{,}59 \cdot \sigma_B$. Die Festigkeit betrug $\sigma_B = 87{,}4$ kp/mm². Es ist lediglich eine Werkstofffrage, für diese und andere Werkstoffe höherer Festigkeit die Werkzeuge verschleißfest zu gestalten. Neben härtbaren Hartstoffen (eingebettete Karbide in Stahlgrundmasse in festgelegtem Verhältnis) ist das Nitrieren oder Auftragen verschiedenartiger Karbidschichten zweckmäßig, deren Härteunterschied und negatives Lösungsvermögen gegenüber Schneidwerkstoffen selbst bei sehr hohen Flächendrücken einer Kaltverschweißung entgegenwirken.

Voraussetzung für ein gutes Gelingen von Genauschnittstanzteilen ist in allen Fällen eine genügende Starrheit und sichere Führung der Werkzeugelemente, damit die erforderlichen gleichmäßigen Druckspannungen aufrecht erhalten werden können und jede Art von zusätzlichen Biegespannungen entfällt.

3.5 Untersuchung des elastischen Verhaltens des Bleches

Die einfachste Kontrolle ist die Verwendung von Bandmaterial ohne vorheriges Richten. Es wurde gebogenes Blech von 2, 3 und 5 mm Dicke bei Krümmungsradien von ca. $100 \cdot s$ mit den Werkzeugen nach Abb. 1 (links unten) und Abb. 2 geschnitten. Dabei zeigte es sich, daß die geringen Biegespannungen, welche durch das Richten hervorgerufen werden, keinerlei Einfluß auf das Genauschnittergebnis hatten. Gerade bei weichen Werkstoffen ist deren Einfluß besonders gering. Die durch den Schneidvorgang auftretenden hohen Druckspannungen an den Scherzonen kompensieren bei kompakten Werkstücken die vorhergehende Verbiegung fast vollständig. Der Anteil an elastischer Rückfederung wird naturgemäß mit abnehmender bezogener Blechdicke (s/d) bei Entlastung nach dem Schneiden größer.

Wie unter 2.1 und 2.2 dargelegt, ist es erforderlich, den zu schneidenden Werkstoff so sicher einzuspannen, daß eine elastische Formänderung im Scherzonenbereich ausgeschaltet wird, die als Querbewegung beim normalen Schneidvorgang üblich ist.

4. Maschinen-Kriterien

4.1 Untersuchung des elastischen Verhaltens des Maschinenkörpers

Die ersten Untersuchungen wurden mit dem Werkzeug zu Abb. 2 auf einer hydraulischen 2fach-wirkenden C-Presse von 25 Mp maximaler Stößelkraft nach Abb. 50 durchgeführt (Fabrikat Müller/Eßlingen). Die erforderliche dritte Kraft F_{Ga} gemäß Abb. 2 wurde durch einen zwischen Werkzeugoberteil und Pressenstößel untergebrachten Einbau-Pressenkörper (»LUKAS« Fabrikat Frieseke & Höpfner/Erlangen) aufgebracht. Die Federkennlinie des Pressenkörpers – bezogen auf die Stößelmitte – wurde gemäß Abb. 51 bei ausgebautem Werkzeug mit einer Federrate von $C = 62{,}5$ kp/μm ermittelt. Bei mittigem Kraftangriff, aber einer Meßstelle, die um das Maß $a_1 = 250$ mm außerhalb der Stößelmitte lag, wurde gemäß Abb. 52 eine Auslenkung des Pressenoberteils gegenüber dem Pressentisch von 880 μm bei voller Pressenkraft von 25 Mp gemessen, so daß hierauf bezogen die dazugehörige Federrate $C_1 = 28{,}4$ kp/μm betragen würde. Für eine solche C-Gestellform war ein derartiger Unterschied zu erwarten, da bei zunehmender Belastung die Tischfläche nach vorn unten, das Gestelloberteil nach vorn oben hin etwas schräg geneigt wird. Bei der Versuchsdurchführung zeigte es sich, daß der Verschleiß an den Schneidkanten (Werkzeug nach Abb. 2) quer zur Pressenkörperausladung sehr viel höher war und die Werkzeugführungen weit stärker belastet wurden als an den Schneidkanten in Richtung der Pressenausladung. Es zeigte sich nämlich, daß die elastische Biegung des Pressenständers nicht gleichmäßig war und während des Schneidvorganges die Stößelplatte gegenüber der Tischplatte eine Querbewegung ausführte, wobei die Stößelplatte stärker vom Ständer auswich als die Tischplatte. Diese Bewegung übertrug sich auf die Werkzeugschneidelemente. Die Güte des Schnittes auf der Ständerseite des Werkzeuges litt erheblich, da der Schneidspalt ungewollt vergrößert wurde, während auf der gegenüberliegenden Seite (Werkzeugaußenseite) ein negativer Spalt erzeugt wurde, d. h. die Stempelschnittkante überdeckte die Matrizenschnittkante (Abb. 21). Erhöhte Blechhaltekräfte können diesen Mangel nicht ausgleichen. Der Blechhalter wurde nicht vom Stempel geführt. Der Vorteil des Arbeitens an der 25-Mp-Presse lag darin, daß zur gleichen Zeit drei verschiedene Schneidbedingungen am gleichen Werkzeug beobachtet und ausgewertet werden konnten, auch wenn die Maschine selbst keinerlei Voraussetzungen für Feinschnittfertigung bot.

Als weitere Presse wurde eine 3fach-wirkende hydraulische Rahmenpresse von insgesamt 45 Mp Stößelkraft benutzt und auf ihre Eignung zu Genauschnittarbeiten geprüft. Diese Gesamtkraft von max. 45 Mp setzt sich zusammen aus der Kraft des mittigen Stößels bis zu 30 Mp und die des Blechhalters bis zu 15 Mp. Das Ziehkissen war auf 15 Mp ausgelegt. Es wurden sowohl das Werkzeug zu Abb. 1 als auch dasjenige zu Abb. 2 eingebaut. Hierbei war beim Werkzeug zu Abb. 2 der Pressenblechhalter am Pressenstößel außer Funktion, wie dies Abb. 53 zeigt, weil die hierfür erforderliche Kraft vom Zusatzpressenelement am Werkzeug selbst aufgebracht werden konnte. Beim Werkzeug zu Abb. 1 wurden alle drei Maschinenkräfte (lt. Abb. 54) benötigt. Bei ausgebautem

Werkzeug nach Abb. 55 wurde zwischen Tisch und Stößel (Blechhalter festgeschraubt) über eine Länge l von 500 mm eine Höhendifferenz Δl von 0,56 mm gemessen, was einem Parallelitäts-Abweichwinkel von 0,064° entspricht. Während vom Pressenlieferanten eine rechnerische Dehnung der Ständer um 0,6 mm und eine Durchbiegung des Oberjoches von 0,3 mm genannt worden war, kam bei Belastung noch eine unsymmetrische Durchbiegung des Tisches mit 0,3 mm bei 30 Mp Pressenstößelkraft hinzu, wie dies in Abb. 56 erläutert wird. Beim Einfahren der Niederhalterstützkolben in den Stößel wurde im Leerlauf eine Abweichung von 0,31 mm von der Stößelachse auf 150 mm Weg gemessen. Unter Last lag dieser Wert um 60% höher.
Diese Maßabweichungen hatten ähnlich wie an der 25-Mp-Presse einen außerordentlich hohen Werkzeugverschleiß zur Folge, da die Querbewegungen, besonders auch zwischen Blechhalter und Matrize beim Werkzeug zu Abb. 1, wie es im ausgebauten Zustand in umgekehrter (Normal-)Lage in Abb. 55 dargestellt ist, unkontrollierbare Störkräfte verursachten. Diese machen es unmöglich, die wahren Reibungskräfte einzugrenzen. Somit zeigte sich auch diese Maschine in keiner Weise für Feinschnittzwecke geeignet, weil die im Vorhergehenden genannten Voraussetzungen nicht erfüllt waren.
Als dritte Presse wurde eine Feinschnittpresse von 80 Mp Gesamtkraft untersucht (mechanische Bauart). Bei Werkstückformen einer gedrungenen Linienführung, welche innerhalb des Durchmessers der oberen Tischabstützung lag, gelangen einwandfreie Glattschnitte. Hingegen trat bei Werkstückformen, die den Stützdurchmesser wesentlich überschritten, wie z. B. nach Abb. 36, in Abhängigkeit von der Schnittkraft eine Verkantung bis zu 0,12 mm ein, und zwar im Maximum über der Diagonale gemessen, weil sowohl die Tischplatte selbst als auch die Verschraubung am Stützzylinder und auch dieser federten. Die Standzeiten der Werkzeuge zu den Stanzteilen nach Abb. 38 betrugen nur einen kleinen Bruchteil der normalerweise erreichbaren Werte. In der rechten Skizze zu Abb. 57 ist zu erkennen, daß Biegebeanspruchungen und unzureichende Abstützung gegenüber ungleich auftretenden Kräften die Hauptursache für schädliche Querbewegungen sein können. Zufriedenstellende Meßergebnisse in bezug auf den gestellten Aufgabenbereich wurden ferner bei einer ölhydraulisch betriebenen 80-Mp-Feinschnittpresse in 4-Säulen-Bauart ermittelt. Die Formänderungen, auch bei außermittigem Kraftangriff, lagen alle – soweit sie einen Einfluß auf die Führungsgenauigkeit hatten – weit unter 0,01 mm.
Zur besseren und übersichtlicheren Darstellung der zuvor geschilderten Kraftauswirkungen beim Genauschnitt und zur Erleichterung der erforderlichen Meßvorgänge wurde vom Verfasser das Versuchs- und Lehrgerät nach Abb. 58 erstellt. Die 3fachwirkende hydraulische Presse einer Gesamtstößelkraft von 40 Mp ist transportabel. Ihr besonderer Vorteil besteht darin, daß die Ölvolumina in den Kraftelementen, besonders beim Blechhalter und Gegenhalter, ebenso in den Rohrleitungen und Armaturen ein fast nicht mehr zu unterschreitendes Minimum aufweisen. Alle drei Kräfte werden von einem gemeinsamen Ventil der Reihe nach gesteuert. Bewußt wurde die Führung der Schneidelemente nur vom Säulengestell übernommen, um die Wirkung einer außermittigen Verschiebung des Kraftmittelpunktes innerhalb des Pressenkörpers zu ermitteln. Der von unten wirkende Hauptzylinder F_1 des Stößels ist auf der Tischplatte verschiebbar. Das Hauptaugenmerk wurde der Veränderung des Schneidspaltes und der Blecheinspannung zugewandt. Durch leicht durchführbare Veränderungen in der Justierung lassen sich die Folgen mangelnder Planparallelität und unzureichenden Fluchtens der Schneidelemente ermitteln. Die Folgen der elastischen Formänderung an Maschine und Werkzeug konnten in ihren Grenzen erfaßt werden. Dank geeigneter Auswahl der Bauteile stellte sich nach eingehenden Versuchen mit

Dehnmeßstreifen heraus, daß man auf diese verzichten und selbst an Stelle von Feinmeßtastern nur noch Qualitätsmeßuhren benutzen konnte, was die Messung sehr erleichterte. Auffallend war dabei, daß mit relativ kleinen Blechhaltekräften bei verschiedenen Schnittformen einwandfreie Glattschnitte sowohl in weiche Werkstoffe als auch in Bleche hoher Festigkeit erzielt werden konnten. Gleichfalls war es möglich, mittels wechselseitiger Kombination variierter Gegenhalte- und Blechhaltekräfte das elastische Verhalten sowohl des Werkstückes als auch des eingespannten Bleches zu beobachten und zu ermitteln.

4.2 Anforderungen an die Gestellbauweise und Steuerung von Genauschnittpressen

Im Gegensatz zu Pressen üblicher Bauart dürfen die Stößel der Feinschnittpressen nach Beendigung des Schneidvorganges keine Einfederung bzw. keinen Nachlauf haben. Dagegen muß der Druck- und Kraftaufbau präzise wegabhängig vor sich gehen können. Dies setzt eine äußerst starre Gestellbauweise voraus. Diesen Anforderungen genügten die Pressen zu Abb. 50–55 nicht. Die Ziehkissen als Gegenhaltekraftquellen waren »weiche Federn«, deren Druckaufbau erst nach einem Weg, der länger als das Blech dick war, zustande kam. Es mußte daher dem Gegenhalter ein Vorlauf gegeben werden, was jedoch teilweise zur Verbiegung des Bleches beim Drücken gegen den Blechhalter führte. Feinfühlige Steuerungen mit der richtigen Reihenfolge des Einspann-, Schneid- und Entlastungsvorganges sind unerläßlich.

5. Besonderheiten

5.1 Kritik der verschiedenen Ausführungsarten des äußeren Gegenhalters, Blechhalters (Preßplatte)

Der Wunsch, mit einem flachen Blechhalter Genauschnitte durchzuführen, läßt sich nur bei dünnen Blechen realisieren. Diese Möglichkeit dürfte seit dem Aufkommen des säulengeführten Gesamtschnittes bekannt sein. Die Empfehlungen von Meyer [11], einen schwach geneigten Blechhalter zu verwenden, treffen offensichtlich nur für einen eng begrenzten Aufgabenkreis zu. Angesichts der auftretenden elastischen Formänderungen an den Werkzeugen ist zu klären, ob die vorgeschlagene Blechhalterneigung evtl. zu deren Kompensation dienen soll. Vom Gesichtswinkel der sicheren Blecheinspannung her gesehen ist bei Mittel- und Grobblechen dieser Weg unzureichend.
Dem heutigen Stand der Werkzeugfertigung zufolge ist die Herstellung von Genauschnittwerkzeugen mit Ringzacke am Blechhalter oder an der Matrize zur Routineangelegenheit geworden. Die Abnutzung der Ringzackenschneide ist gering. Form und Abstand dieser Schneide von der Schnittkante sind vom Schnittlinienverlauf und den Eigenschaften des zu schneidenden Blechwerkstoffes abhängig. Der unterschiedliche *r*-Faktor (Anisotropie) der Bleche für das Tiefziehen gilt auch für das Genauschneiden insofern, als sich anisotrop verhaltende Bleche für Genauschnitteile wenig eignen.

5.2 Probleme der Schmierung

Bei dünnen Blechen kann man damit rechnen, daß ein geeignetes Öl infolge des Einspanndruckes der inneren und äußeren Blechhaltung von der Oberfläche des Bleches in den Schneidspalt gelangt. Bei größeren Blechdicken und höheren Blechfestigkeiten wird das Problem dadurch schwieriger, daß durch die hohen Flächenpressungen der Schmierfilm durchbrochen wird, insbesondere dann, wenn z. B. bei rost- und säurebeständigen Blechen die Schmiermittelhaftung gering ist. Der Verfasser hat gute Erfahrungen mit der Paste K 50 (Molykote GmbH) gemacht. Das Schmierproblem steht auch im Zusammenhang mit der Art der Werkzeugherstellung und der Oberflächenbeschaffenheit von Werkzeug und Blech. Diese ist z. B. bei Schleifbearbeitung eine andere als bei einer Bearbeitung durch Funkenerosion. Mit zunehmender Werkzeugbeanspruchung ist neben dem Schmierproblem der Wahl hochwertiger Werkzeugwerkstoffe Beachtung zu schenken. Hierfür seien empfohlen die Werkzeugstähle Nr. 2601, 2379 und 2201, die Molybdän und Vanadin als Legierungsbestandteile enthalten. Für noch höhere und höchste Beanspruchungen ist die Verwendung von mit Wolfram, Molybdän und Vanadin legiertem Schnellstahl zweckmäßig, bei welchem eine besondere Tiefkühlhärtetechnik bei —70° C eine hohe Standzeit gewährleistet. FERRO-TIC wurde bereits vorher genannt. Hartmetall als Werkzeugelement kann mit Titan-Karbid-Schichten höchster Verschleißfestigkeit überzogen werden. Versuche des Verfassers auf diesem Gebiet sind im Gange.

Zusammenfassung

Das Genauschneiden (Feinstanzen) von eingespanntem Blech verschiedener Schnittformen ergab:

1. Infolge der in das Blech eindringenden Ringzacke findet eine Verdrängung des Werkstoffes in Blechebene nach innen und nach außen statt. Die nach außen gerichtete Verdrängung bewirkt ein Biegen zur Blechhalterseite und eine Breitenzunahme des Streifens.
2. Das Glattschneiden ist von der Anisotropie des Bleches abhängig, d. h. stark anisotrope Bleche lassen sich nicht zur Herstellung von Genauschnitteilen verwenden. Aluminium und seine Knetlegierungen können mit ausreichender Gegenhalterkraft bei geringer Blechhaltekraft ausgeschnitten werden. Bei Stahlblech und seinen Legierungen ist die Blechhaltekraft entscheidender als die gegen den Schnittstempel gerichtete Gegenhaltekraft.
3. Eine sehr geringe Schnittkantenrundung begünstigt das Fließen des Werkstoffes und gleicht auf Kosten erhöhter Nacharbeit unzureichende Einspannkräfte und Schneidspaltgrößen aus. Auch hier ist der Schneidspalteinfluß bei Al geringer, bei Stahlblechen groß. Ein während des Schneidens gleichbleibender sehr enger Schneidspalt läßt unabhängig von der Blechdicke scharfe Schneidkanten zu.
4. Die Flächenpressung im Schnittplattendurchbruch entspricht dem Formänderungswiderstand der Scherzone und ist für eine Berechnung zur Verhinderung der Matrizenauffederung zugrunde zu legen.
5. Die Blechdickentoleranzen nach DIN 1541/44 genügen den Genauschnittanforderungen nicht, mit Ausnahme der Feinabweichungen nach DIN 1544.

6. Ebenso wie bei üblichen Stanzteilen und Umformvorgängen findet sich in der Scherzone genaugeschnittener Blechteile eine Kaltverfestigung. Diese steigt bis etwa in Blechmitte steil an und verläuft dann bis zum Scherwegende fast gleichbleibend.
7. Nicht allein die Festigkeit eines Werkstoffes, sondern auch die Art der Gefügeausbildung, Einformung und Verteilung schwer umformbarer Karbide oder anderer Legierungsbestandteile in der Grundmasse durch Walzen und Warmbehandlung bestimmen die Eignung zum Genauschneiden. Hohe Festigkeitswerte des Bleches erfordern dafür besonders ausgewählte Werkzeugstähle bzw. Werkzeugwerkstoffe.
8. Die elastische Formänderung des Bleches quer zur Blechoberfläche während des Einspannens beeinträchtigt den Genauschnittvorgang nicht. Ein elastisches Rückfederungsverhalten tritt infolge der Scherzonenverfestigung kaum ein.
9. Der Blechhalter mit Meißelschneide (Ringzacke) gewährleistet gegenüber der ebenen oder schwach konischen Form bei beliebigen Schnittlinienformen eine sichere Blecheinspannung. Die Meißelflankenform beeinflußt die Vorspannung.
10. Glattgeschnittene Zuschnitte und Ronden lassen sich mitunter deshalb gut biegen und tiefziehen, weil die Oberflächengüte der Schnittfläche einem finish entspricht und die Genauschnittfläche weniger rißanfällig ist, als wie dies an den Scherzonen üblicher Art beobachtet wird.
11. Die Reibung ist nicht allein von der Art und Menge des Schmiermittels abhängig. Von Einfluß sind weiterhin: die Oberflächenbeschaffenheit von Werkzeug (Karbidüberzüge, Nitrieren der Schneidelemente) und Blechwerkstoff, die Flächenpressung, der Formänderungswiderstand und die Starrheit der Schneidelemente als Blechwerkstoff-„Gleitführung“.

Abkürzungsverzeichnis

a	= Abstand der Meißelschneide (Ringzacke) von der Schnittstempelkante	mm
b	= Breite des Werkstückes	mm
d	= Matrizen- oder Stanzbutzendurchmesser	mm
e	= 2,718 – Eulersche Grundzahl des Natürlichen Logarithmus	
f	= Durchbiegung oder Gestelldehnung	mm
h	= Eindringtiefe der Ringzacke in das Blech	mm
i	= Verdrängungsmaß in Blechebene	mm
k_{f0}	= ursprüngliche Formänderungsfestigkeit	kp/mm²
k_q	= durch Stauchen bzw. Schneiden erhöhte Formänderungsfestigkeit	kp/mm²
l	= Abstand zwischen Pressentisch und Oberteil des Pressengestelles	mm
p	= Druck	kp/cm² oder kp/mm²
p_i	= Flächendruck in der Matrize	

q_g	= Breite des Gleitbereiches zwischen ebenem Blechhalter und Matrize	mm
q_h	= Durchmesser des Haftbereiches zwischen Schnittstempel und innerem Gegenhalter	mm
q_0	= Mindestringbreite des ebenen Blechhalters	mm
r	= Schneidkantenhalbmesser: r_m an Matrize, r_p am Schnittstempel	mm
r'	= angenäherter Rundungshalbmesser an der Schneidkante des Werkstückes	mm
r_e	= Eckenhalbmesser der Ausschnittfigur	mm
s	= Blechdicke	mm
u_s	= Schneidspalt	mm
x, y	= Formänderungen an der Blechkante außerhalb der Ringzacke (zu Abb. 9)	mm oder µm
x', y'	= desgl. an der Schnittkante (zu Abb. 24)	
B	= Bandbreite	mm
C	= Federrate (Federkonstante oder spezif. Rückstellkraft) $= F/f$	kp/mm oder kp/µm
E	= Elastizitätsmodul	kp/cm² oder kp/mm²
F	= Kraft	kp oder Mp
F_{Ga}	= Prägekraft der Ringzacke	kp
G_a	= äußerer Gegenhalter = Blechhalter	
G_i	= innerer Gegenhalter gegenüber dem Schnittstempel	
L	= Schneidkantenlänge	mm
p_{RK}	= spezifische Ringzackenkraft	kp/mm
α	= innerer Freiwinkel der Ringzacke gegen Blechoberfläche	
β	= äußerer Freiwinkel der Ringzacke gegen Blechoberfläche	
γ	= Schneidflächenwinkel in Abweichung von 90°	
δ_5	= Bruchdehnung nach DIN 50114 Tab. 1	
ε	= Eckenwinkel der Ausschnittfigur	
η	= Formänderungswirkungsgrad	
μ	= Reibungskoeffizient	
σ_B	= Festigkeit	kp/mm²
σ_s	= Streckgrenze	kp/mm²
τ_B	= Scherfestigkeit bzw. Schubspannung	kp/mm²
Δ	= dehnungsbedingte Formänderung, wie beispielsweise Δh, Δl und Δd_a	mm oder µm

Literaturverzeichnis

[1] DIN 8588 Zerteilen, Beuth-Vertrieb, Köln 1965; DIN 8587 Schubumformen, Beuth-Vertrieb, Köln 1965.

[2] Strack, Normalien für Stanzereiwerkzeuge, NORMA 17000, Gr. 2.

[3] C. Behrens AG, Alfeld, Stempel CBN 891, Matrize CBN 903.

[4] Guidi, A., Nachschneiden und Feinstanzen, Carl Hanser-Verlag, München 1965, S. 77.

[5] Krämer, Wilfried, Einige neuere Ergebnisse bei Untersuchungen über das Genauschneiden. Mitt. der Deutschen Forschungsgesellschaft für Blechverarbeitung und Oberflächenbehandlung 19 (1968), Nr. 7, S. 84.

[6] Oehler–Kaiser, Schnitt-, Stanz- und Ziehwerkzeuge, Springer Verlag, Berlin, 5. Aufl. 1966, S. 25.

[7] Reichel, Walter, und Rudolf Katz, Das Stanzen kleiner Löcher, BLECH 15 (1968), Nr. 4, S. 161.

[8] Geleji, Alexander, Bildsame Formgebung der Metalle in Rechnung und Versuch, Akademie-Verlag, Berlin 1960, S. 113/114.

[9] Vater, M., und Gerhard Nebe, Formänderungswiderstand und Formänderungswirkungsgrad beim Stauchen, Industrie-Anzeiger 89 (1967), Nr. 47, S. 972/973.

[10] Göhre, E., Werkzeuge und Pressen der Stanzerei (Berlin 1939), S. 32, Abb. 194.

[11] Meyer, Manfred, Dissertation: Verfahren zur Erzielung glatter Schnittflächen beim vollkantigen Schneiden von Blech, TH Hannover, 1962.

[12] Prandtl, L., Anwendungsbeispiele zu einem Henckyschen Satz über das plastische Gleichgewicht, Zeitschrift für angewandte Mathematik und Mechanik 3 (1923), S. 401–406.

[13] Nadai, A., Der bildsame Zustand der Werkstoffe, Springer Verlag, Berlin 1927.

[14] Guidi, A., Nachschneiden und Feinstanzen, Carl Hanser-Verlag, München 1965, S. 76.

[15] Krämer, Wilfried, Einige neuere Ergebnisse bei Untersuchungen über das Genauschneiden, Mitt. der Deutschen Forschungsgesellschaft für Blechverarbeitung und Oberflächenbehandlung 19 (1968), Nr. 7, S. 83.

[16] Oehler–Kaiser, Schnitt-, Stanz- und Ziehwerkzeuge, Springer Verlag, Berlin, 5. Aufl. 1966, S. 20, Abb. 20 und 21.

[17] Howard, F., Finish Blanking (Erzeugung glattgeschnittener Blechteile), Sheet Metal Industry 37 (1960), Nr. 397, S. 339–351.

[18] Oehler–Kaiser, Schnitt-, Stanz- und Ziehwerkzeuge, Springer Verlag, Berlin, 5. Aufl. 1966, S. 41.

[19] Guidi, A., Nachschneiden und Feinstanzen, Carl Hanser-Verlag, München 1965, S. 114–124.

[20] Strack, Normalien für Stanzereiwerkzeuge, Strack-Norm 0411.

[21] DIN 1541/44 Zulässige Abweichungen der Blechdicken, Beuth-Vertrieb.

[22] Krämer, Wilfried, Über die Ermittlung des Kraftverlaufs beim Schneiden, Industrie-Anzeiger 91 (1969), Nr. 11, S. 199–203.

[23] Birzer, Franz, Werkstoffeinflüsse beim Feinschneiden, Konstruktion – Elemente – Methoden 6 (1969), Heft 2.

[24] Neuhaus, Werner, Walter Dick und Joachim Degenkolbe, Erfahrungen bei der Herstellung wasservergüteter Bleche aus schweißbarem Baustahl mit einer Streckgrenze von rd. 70 kp/mm^2, Stahl und Eisen 85 (1965), Heft 3, S. 127–136.

[25] Fa. Schmid, Heinrich, Verfasserteam: Die Herstellung glatter und senkrechter Schnittflächen in der Stanztechnik, Technische Rundschau 50 (1958), Nr. 8.

Anhang

a) Tabellen

Tab. 1 Versuchsreihe zur Ermittlung der spezifischen Ringzackenkraft p_{RK} in kp/mm in Abhängigkeit von der Eindringtiefe h für Al 99,5 bei verschiedenen Blechdicken zu Abb. 10, Meißelform nach Abb. 8d

Versuchs-Nr.	Werkstoff	F_{Ga} (kp)	s (mm)	$s_{tats.}$ (mm)	$s-h$ (mm)	h (mm)	$\frac{F_{Ga}}{L}$ (kp/mm)
1	Al 99,5 w	1000	2	1,88	1,84	0,04	6,58
2		2000	2	1,88	1,65	0,23	13,2
3		3000	2	1,88	1,36	0,52	19,7
4		4000	2	1,88	1,06	0,82	26,3
5		5000	2	1,88	0,50	1,38	32,9
6		6000	2	1,88	0,42	1,46	39,5
7	Al 99,5 w	1000	3	2,90	2,85	0,05	6,58
8		2000	3	2,90	2,68	0,22	13,2
9		3000	3	2,90	2,48	0,42	19,7
10		4000	3	2,90	2,20	0,7	26,3
11		5000	3	2,90	1,75	1,15	32,9
12		6000	3	2,90	1,69	1,21	39,5
13	Al 99,5 w	1000	4	3,87	3,83	0,04	6,58
14		2000	4	3,87	3,66	0,21	13,2
15		3000	4	3,87	3,46	0,41	19,7
16		4000	4	3,87	3,20	0,67	26,3
17		5000	4	3,87	2,91	0,96	32,9
18		6000	4	3,87	2,71	1,16	39,5
19	Al 99,5 w	1000	5	4,95	4,90	0,05	6,58
20		2000	5	4,95	4,75	0,20	13,2
21		3000	5	4,95	4,55	0,40	19,7
22		4000	5	4,95	4,32	0,63	26,3
23		5000	5	4,95	4,07	0,88	32,9
24		6000	5	4,95	3,86	1,09	39,5

Tab. 2 Versuchsreihe zur Ermittlung des Glattschnittanteils an Al 99,5 w-Blechen verschiedener Dicke s bei veränderlichem Schneidspalt u_s und variablem Gegenhalterdruck p_i, Blechhaltekraft $F_{Ga} = 0$ (Abb. 19a)

s (mm)	p_i (kp/mm²)	Glattschnittanteil in % bei $u_s = 0$ mm	$u_s = 0{,}014$ mm	$u_s = 0{,}016$ mm	$u_s = 0{,}06$ mm
2	1,16	100	100	90	75
3	1,16	100	95	100	70
4	1,16	100	92,5	87,5	75
5	1,16	100	90	80	70
2	2,32	100	100	85	75
3	2,32	100	90	84	70
4	2,32	100	95	100	75
5	2,32	100	97	80	70
2	4,65	100	100	95	75
3	4,65	100	100	84	70
4	4,65	100	100	96	75
5	4,65	100	100	80	70
2	9,3	100	100	100	90
3	9,3	100	100	84	70
4	9,3	100	100	85	75
5	9,3	100	100	80	70
2	17,5	100	100	100	100
3	17,5	100	100	90	70
4	17,5	100	100	100	90
5	17,5	100	100	90	70

Tab. 3 Versuchsreihe zur Ermittlung des Glattschnittanteils an Stahlblechen ($\sigma_B = 32 \ldots 38$ kp/mm²) $C < 0{,}1\%$ verschiedener Dicke s bei veränderlichem Schneidspalt u_s und variablem Gegenhaltedruck p_i, Blechhaltekraft $F_{Ga=0}$ (Abb. 19b)

s (mm)	p_i (kp/mm²)	Glattschnittanteil in % bei $u_s = 0$ mm	$u_s = 0{,}014$ mm	$u_s = 0{,}016$ mm	$u_s = 0{,}06$ mm
2	1,16	25	25	25	25
3	1,16	40	35	50	35
4	1,16	40	30	25	25
5	1,16	15	10	10	10
2	2,32	30	25	25	25
3	2,32	35	35	35	35
4	2,32	40	30	25	25
5	2,32	15	10	10	10
2	4,65	35	25	25	25
3	4,65	40	40	65	40
4	4,65	40	30	25	25
5	4,65	15	10	10	10
2	9,3	40	25	30	25
3	9,3	90	50	60	50
4	9,3	40	30	25	25
5	9,3	15	10	10	10
2	17,5	90	25	25	25
3	17,5	90	50	50	60
4	17,5	35	30	25	30
5	17,5	15	10	10	10

Tab. 4 Versuchsreihe zur Ermittlung des Glattschnittanteils an Al 99,5 w-Blechen verschiedener Dicke s bei veränderlichem Schneidspalt u_s und variabler spez. Blechhaltekraft p_{RK}, Gegenhaltedruck $p_i = 4{,}65$ kp/mm² (Abb. 20a)

s (mm)	p_{RK} (kp/mm)	Glattschnittanteil in % bei $u_s = 0$ mm	$u_s = 0{,}014$ mm	$u_s = 0{,}016$ mm	$u_s = 0{,}06$ mm
2	7	100	100	95	85
3	7	100	100	85	80
4	7	100	100	87	80
5	7	100	100	80	76
2	14	100	100	90	85
3	14	100	100	85	80
4	14	100	100	87	80
5	14	100	100	80	76
2	22	100	100	90	85
3	22	100	100	85	85
4	22	100	100	80	80
5	22	100	100	80	76
2	29	100	100	90	85
3	29	100	100	85	90
4	29	100	100	90	80
5	29	100	100	80	76
2	43	100	100	90	90
3	43	100	100	90	90
4	43	100	100	80	85
5	43	100	100	80	76

Tab. 5 Versuchsreihe zur Ermittlung des Glattschnittanteils an Stahlblechen ($\sigma_B = 32 \ldots 38$ kp/mm²) $C < 0{,}1\%$ verschiedener Dicke s bei veränderlichem Schneidspalt u_s und variabler spez. Ringzackenkraft p_{RK}, Gegenhaltedruck $p_i = 9{,}3$ kp/mm² (Abb. 20b)

s (mm)	p_{RK} (kp/mm)	Glattschnittanteil in % bei $u_s = 0$ mm	$u_s = 0{,}014$ mm	$u_s = 0{,}016$ mm	$u_s = 0{,}06$ mm
2	51	100	95	60	40
3	51	100	100	100	50
4	51	100	50	40	35
5	51	20	15	15	15
2	66	100	95	60	45
3	66	100	100	75	50
4	66	100	70	65	35
5	66	20	15	15	15
2	87	100	95	66	40
3	87	100	100	75	50
4	87	100	100	65	35
5	87	22	15	15	15
2	102	100	95	60	45
3	102	100	100	75	55
4	102	100	100	65	35
5	102	25	15	15	15
2	116	100	95	60	50
3	116	100	100	75	75
4	116	100	100	65	40
5	116	40	20	15	15

Anmerkung: Die ungünstigen Ergebnisse bei $s = 5$ mm sind auf den zu geringen Abstand *a* der Meißelschneide von der Schneidstempelkante zurückzuführen.

b) Abbildungen

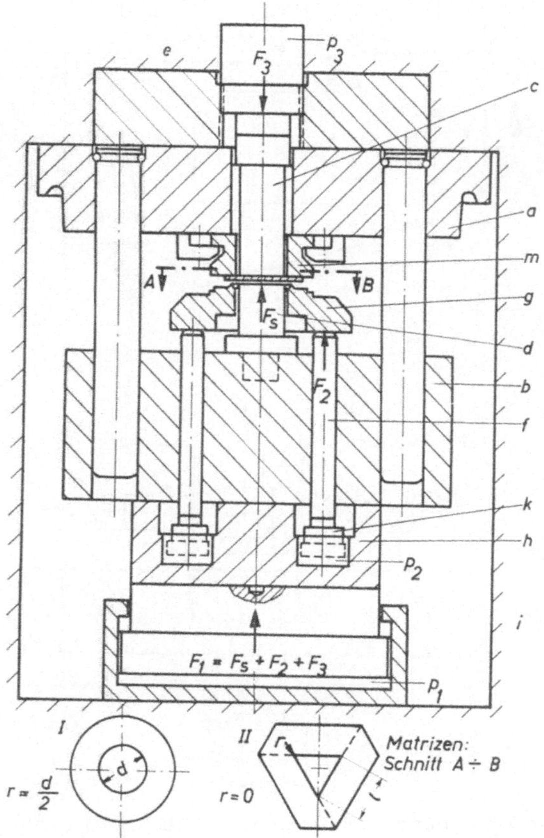

Abb. 1 Einbau des Feinschnittversuchswerkzeuges in der Presse, Matrizenform I u. II

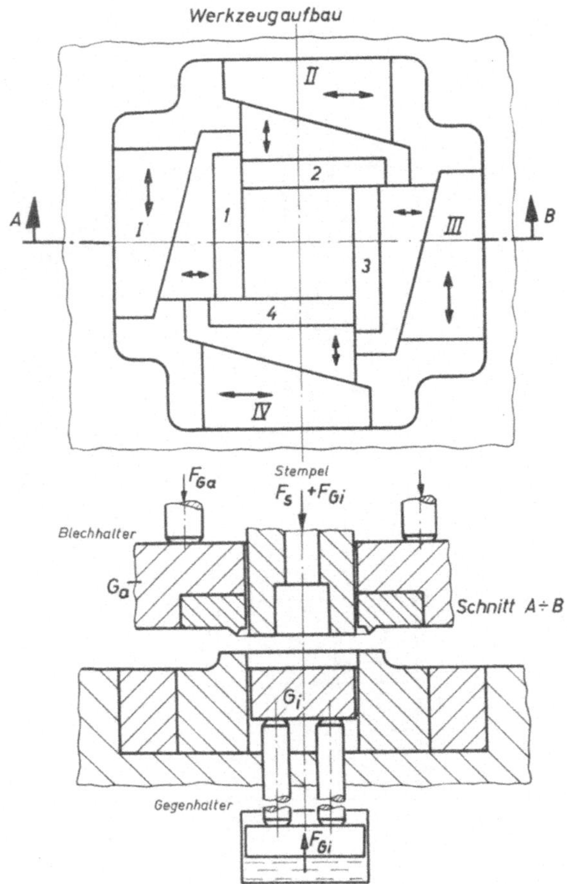

Abb. 2 Versuchswerkzeug mit verstellbarem Schneidspalt, Matrizenform III
1–4 Matrizenelemente
I–IV Stellkeile

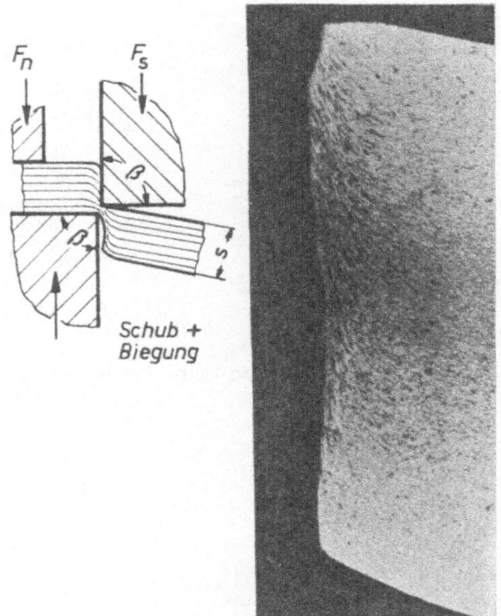

Abb. 3 Tafelscherenschnitt
Blechdaten: $s = 4$ mm
St 37
Messerkeilwinkel: $\beta = 90°$
$u_s = 0$ Schneidspalt

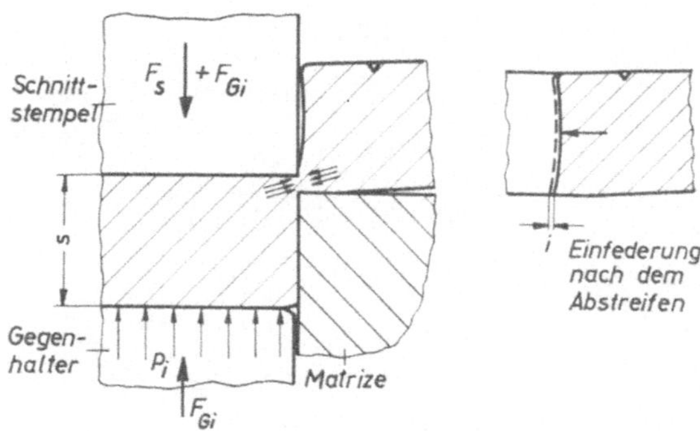

Abb. 4 Hohlwölbung der Scherzone im Stanzstreifen beim Schneiden mit innerem Gegenhalter

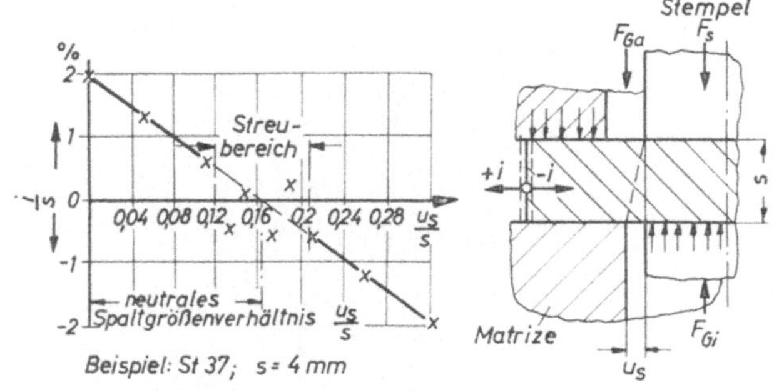

Abb. 5 Schneidspalteinfluß auf die Blechfederung beim Trennschnitt

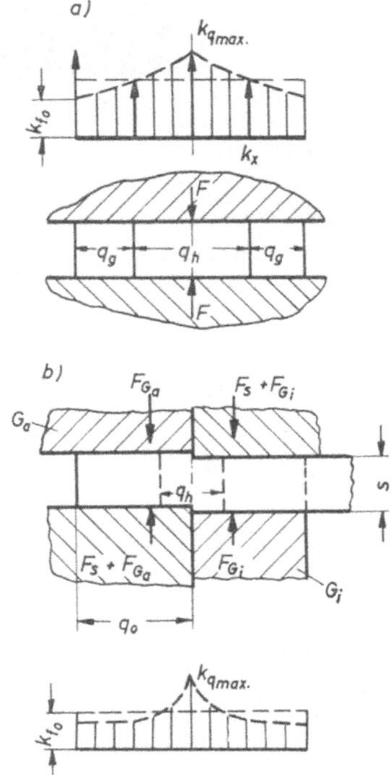

Abb. 6 Formänderungswiderstand des Bleches zwischen den Druckflächen
a) einteilige Druckflächen
b) scherende Druckflächen
k_{f0} = Ausgangsformänderungsfestigkeit kp/mm²
q_g = Bereich der Gleitreibung
q_h = Bereich der Haftreibung

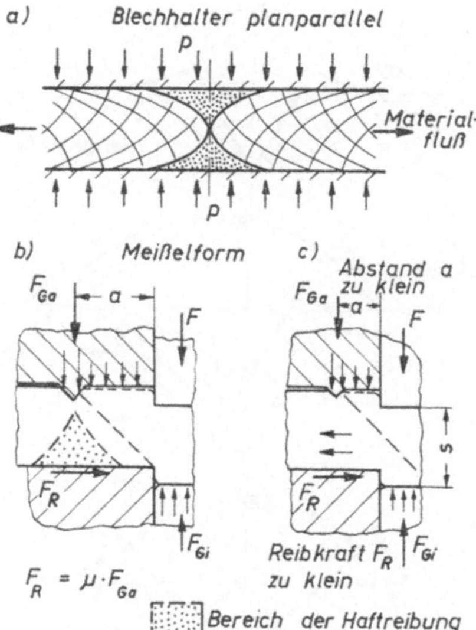

Abb. 7 Blecheinspannzustände
a) ebene Druckflächen
b) mit Meißelform (Ringzacke), $a \geqq s$
c) mit Meißelform, $a < s$

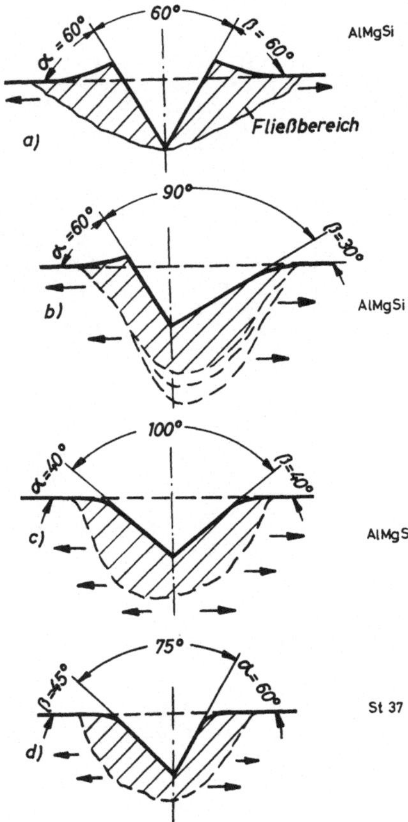

Abb. 8 Werkstoffverdrängung in Abhängigkeit von den Flankenwinkeln α und β der Meißelschneide (zur Blechoberfläche)

a) $\alpha = 60°$, $\beta = 60°$, Keilwinkel = 60°

b) $\alpha = 60°$, $\beta = 30°$, Keilwinkel = 90°

c) $\alpha = 40°$, $\beta = 40°$, Keilwinkel = 100°

d) $\alpha = 60°$, $\beta = 45°$, Keilwinkel = 75°

$\sphericalangle$ α Schneidstempelseite

$\sphericalangle$ β Außenseite

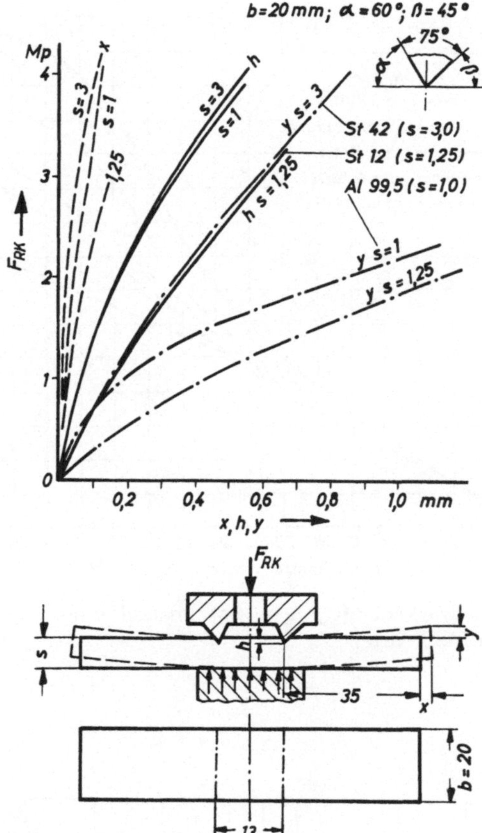

Abb. 9 Einfluß der Blechhalterkraft F_{Ga} auf die Ringzackeneindringtiefe h
Werkstoffverdrängung in Blechebene x
Blechstreifenverbiegung y des freien Endes der Länge 35 mm

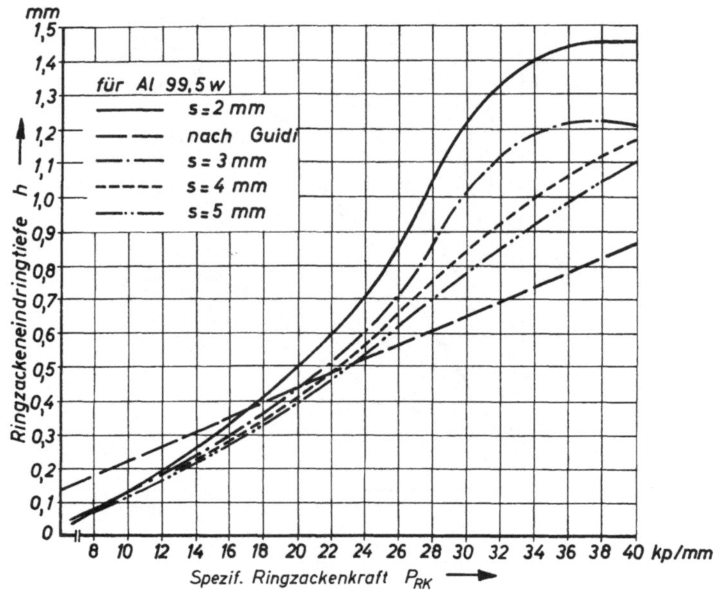

Abb. 10 Spezifische Ringzackenkraft p_{RK} in kp/mm und Eindringtiefe h für Al 99,5 w bei verschiedenen Blechdicken

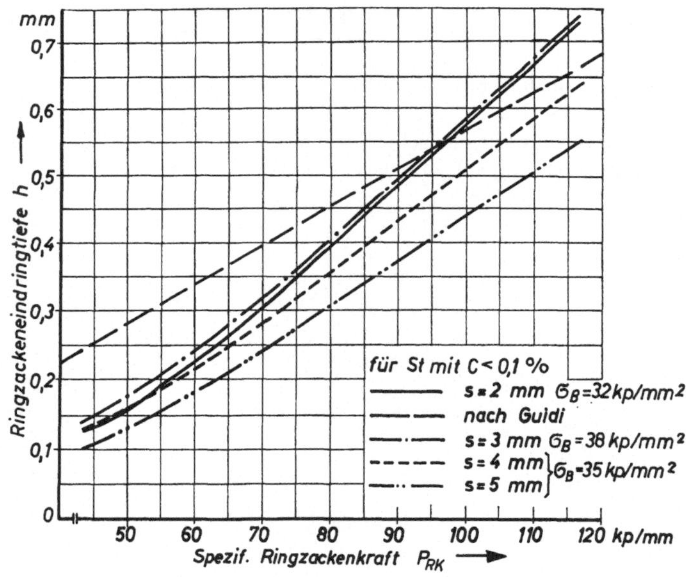

Abb. 11 Spezifische Ringzackenkraft p_{RK} in kp/mm und Eindringtiefe h für weiche Stahlbleche mit $C \leqq 0{,}1\%$ bei verschiedenen Blechdicken

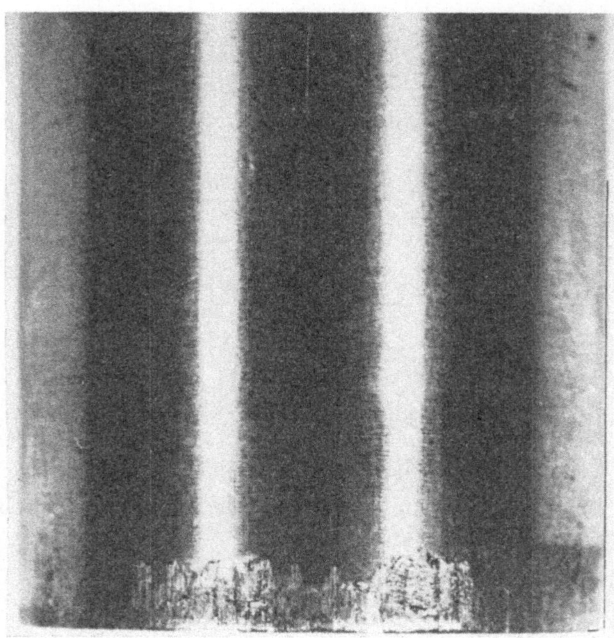

Abb. 12 Schnittstempelverschleiß, $d = 30\varnothing$, Werkstoff-Nr. 2550

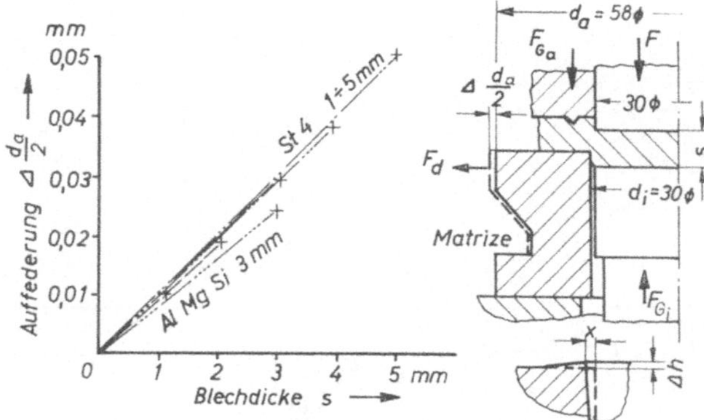

Abb. 13 Auffederung an einer Schnittmatrize 58/30 ⌀, Werkstoff-Nr. 2842, gehärtet, angelassen

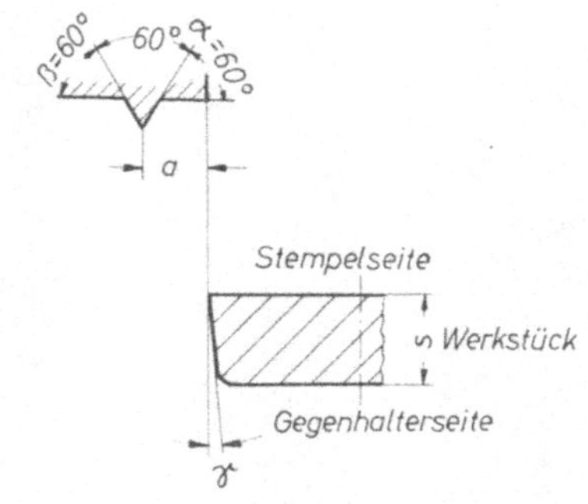

Versuchsreihen			
Nr.	a (mm)	Werkstoff	σ_B kp/mm²
34	2,75	AlMgSi	21,5 "
35	3,2	Al 99,5	7,5 "
36	2,75	St (C<0,1 %)	30 "
37	2,0	St (C<0,1 %)	35 "

Abb. 14 Scherflächenwinkelabweichung γ gegenüber der Senkrechten zur Blechoberfläche und verwendete Meißelform und -lage

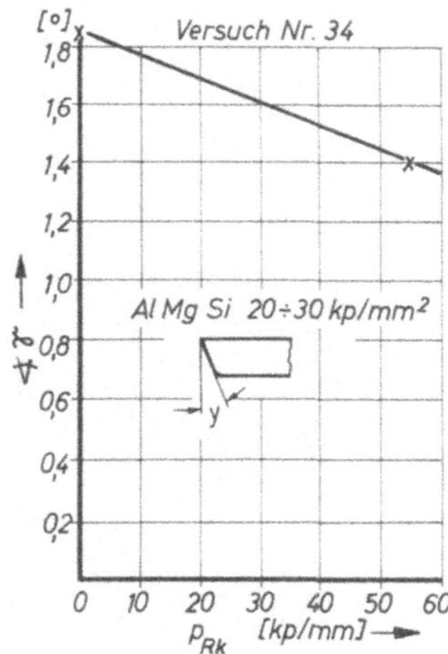

Abb. 15
Abhängigkeit des Winkels γ von der spezifischen Ringzackenkraft p_{RK} bei AlMgSi-Blech von $s = 4$ mm Dicke bei Verwendung des Versuchswerkzeuges nach Abb. 2

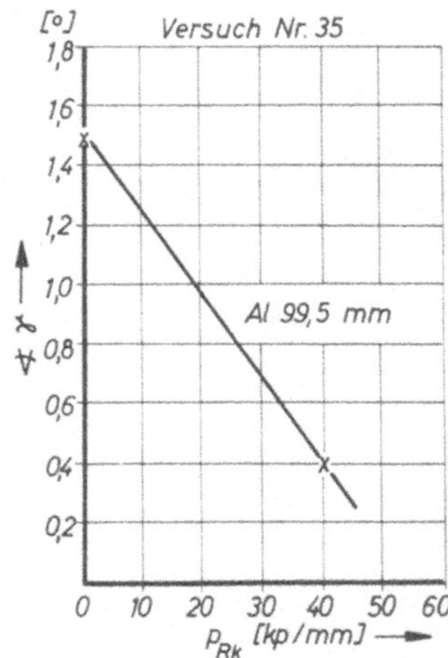

Abb. 16
Abhängigkeit des Winkels γ von der spezifischen Ringzackenkraft p_{RK} bei Al 99,5-Blech von $s = 4$ mm Dicke bei Verwendung des Versuchswerkzeuges nach Abb. 2

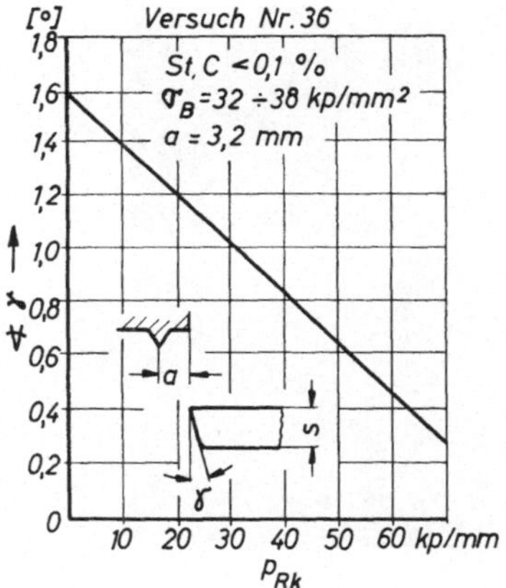

Abb. 17
Abhängigkeit des Winkels γ von der spezifischen Ringzackenkraft p_{RK} bei Stahlblech mit $C \leqq 0{,}1\%$, $s = 2{,}1$, bei Verwendung des Versuchswerkzeuges nach Abb. 2

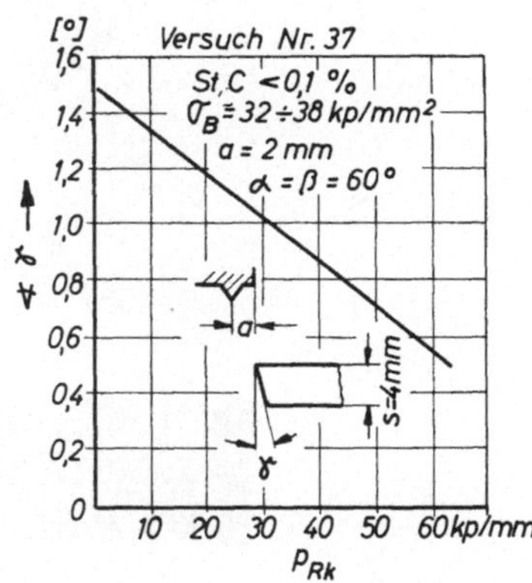

Abb. 18
Abhängigkeit des Winkels γ von der spezifischen Ringzackenkraft p_{RK} bei Stahlblech mit $C \leqq 0{,}1\%$, $s = 4$ mm, bei Verwendung des Versuchswerkzeuges nach Abb. 2

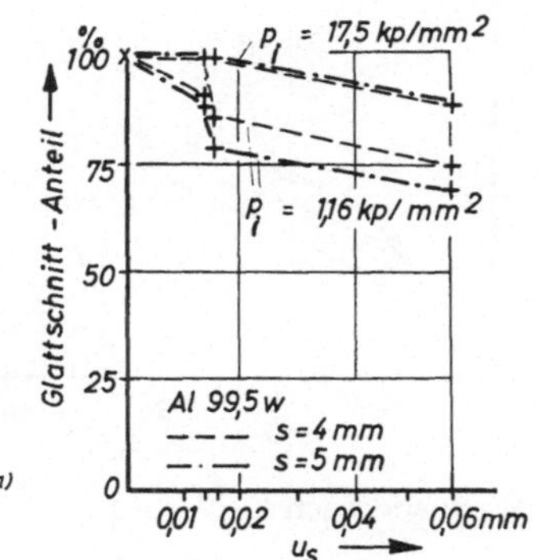

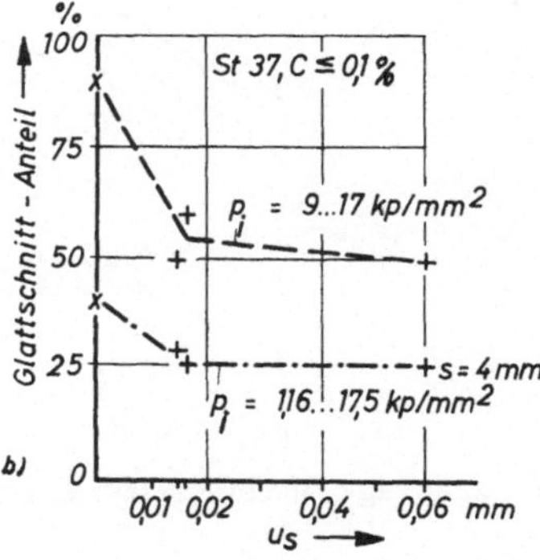

Abb. 19 Glattschnittanteil bei veränderlichem Schneidspalt u_s an Al 99,5 w- und Stahlblechen, Gegenhaltedruck p_i variiert, Blechhalterkraft F_{Ga} ausgeschaltet an Versuchswerkzeug nach Abb. 2

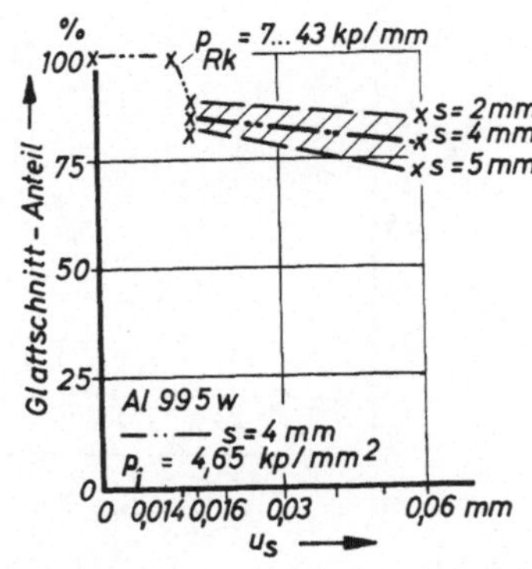

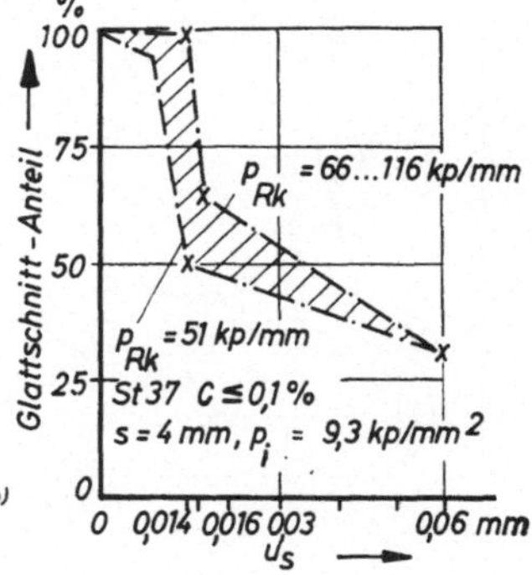

Abb. 20 Glattschnittanteil bei veränderlichem Schneidspalt u_s an Al 99,5 w- und Stahlblechen, spez. Ringzackenkraft p_{RK} variiert, Gegenhaltedruck p_i = konst. an Versuchswerkzeug nach Abb. 2

Abb. 21 Fließvorgänge beim Feinschneiden an St 37 ($C < 0{,}1\%$)

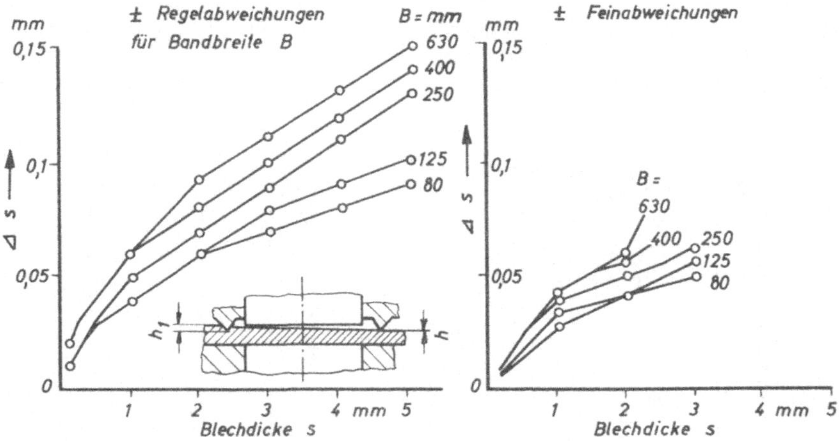

Abb. 22 Zulässige Blechdickenabweichungen für St-Kaltband nach DIN 1544

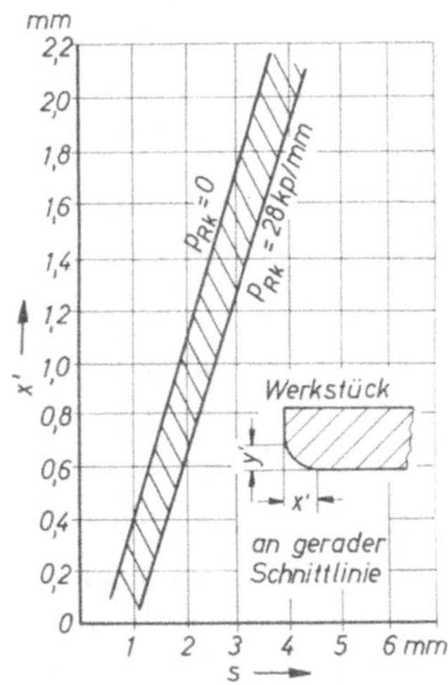

Abb. 23
Kanteneinzug x' der Blechoberfläche an geraden Schnittlinien bei AlMgSi-Blechen mit dem Werkzeug nach Abb. 2

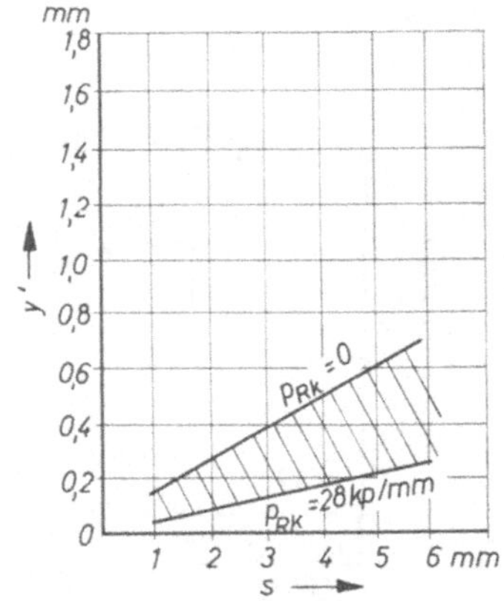

Abb. 24
Kanteneinzug y' der Scherfläche an geraden Schnittlinien bei AlMgSi-Blechen mit dem Werkzeug nach Abb. 2

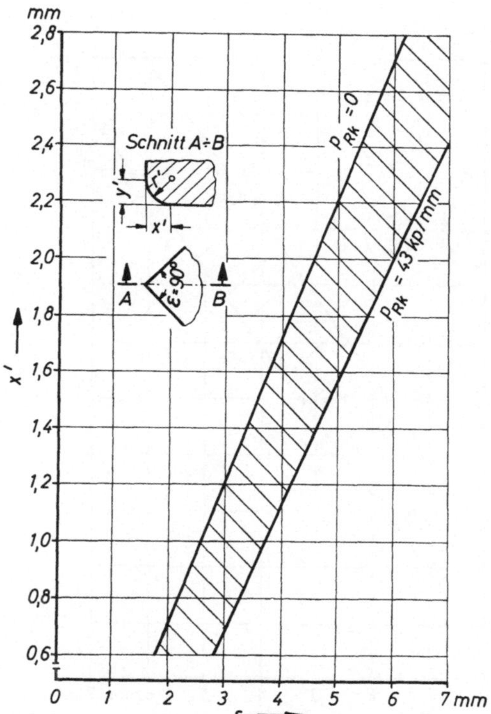

Abb. 25 Kanteneinzug x' der Blechoberfläche an scharfen Ecken mit dem Winkel $\varepsilon = 90°$ bei AlMgSi-Blechen (Werkzeug Abb. 2)

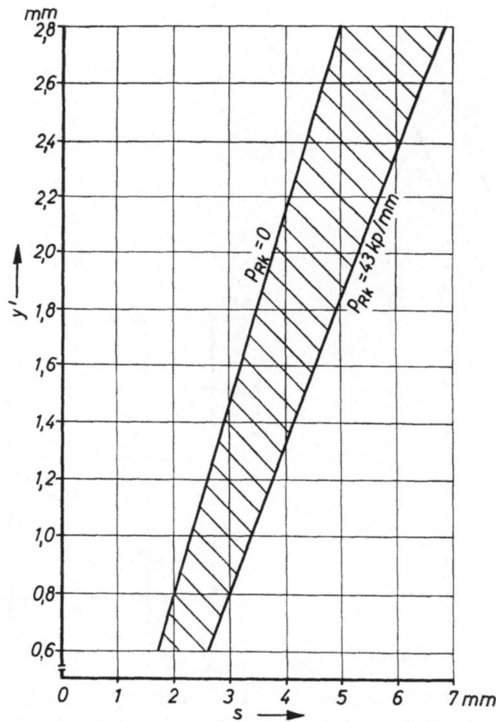

Abb. 26 Kanteneinzug y' der Scherfläche an scharfen Ecken mit dem Winkel $\varepsilon = 90°$ bei AlMgSi-Blechen (Werkzeug Abb. 2)

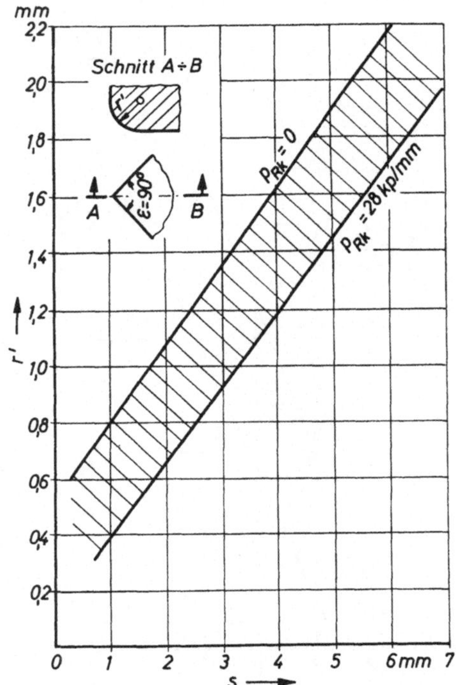

Abb. 27 Näherungshalbmesser r' im Blechquerschnitt der Schnittlinienecke mit dem Winkel $\varepsilon = 90°$ bei AlMgSi-Blechen (Werkzeug nach Abb. 2)

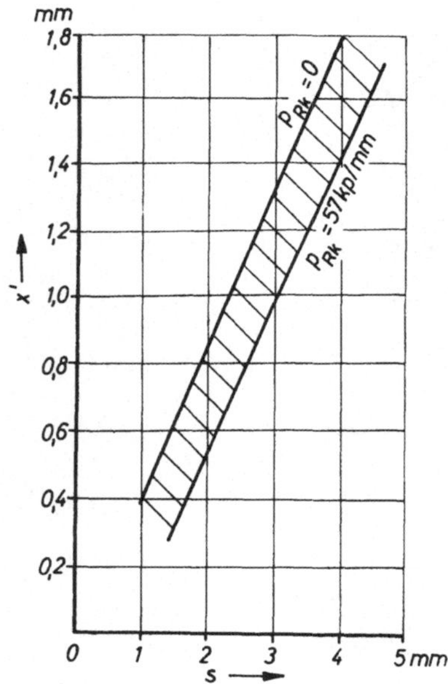

Abb. 28
Kanteneinzug x' der Blechoberfläche an geraden Schnittlinien bei Stahlblech ($\sigma_B = 30 \ldots 35$ kp/mm²) mit dem Werkzeug nach Abb. 2

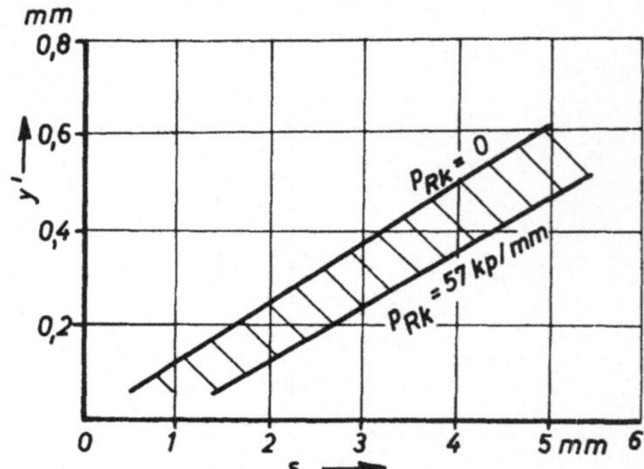

Abb. 29
Kanteneinzug y' der Scherfläche an geraden Schnittlinien bei Stahlblech ($\sigma_B = 30 \ldots 35$ kp/mm²) mit dem Werkzeug nach Abb. 2

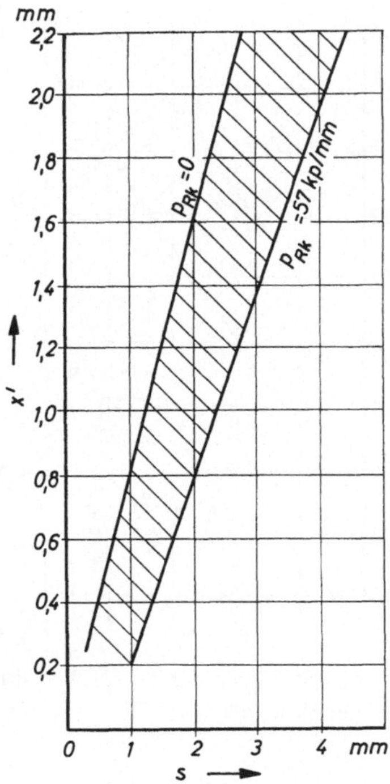

Abb. 30 Kanteneinzug x' der Blechoberfläche an einer scharfen Ecke mit $r_e = 0$ und dem Winkel $\varepsilon = 90°$ bei Stahlblech ($\sigma_B = 30 \ldots 35$ kp/mm²) mit dem Werkzeug nach Abb. 2

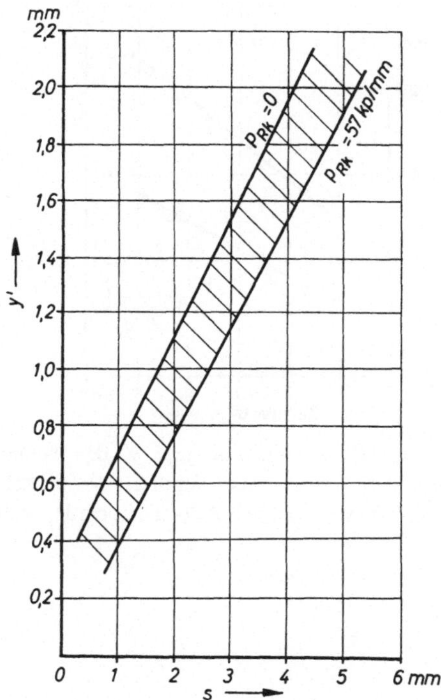

Abb. 31 Kanteneinzug y' der Scherfläche an einer scharfen Ecke mit $r_e = 0$ und dem Winkel $\varepsilon = 90°$ bei Stahlblech ($\sigma_B = 30 \ldots 35$ kp/mm²) mit dem Werkzeug nach Abb. 2

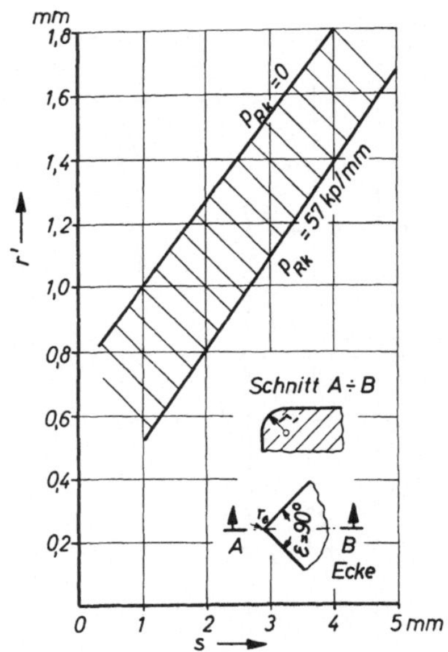

Abb. 32 Näherungshalbmesser r' im Blechquerschnitt der Schnittlinienecke mit $r_e = 0$ und dem Winkel $\varepsilon = 90°$ bei Stahlblech ($\sigma_B = 30 \ldots 35$ kp/mm²) mit dem Werkzeug nach Abb. 2

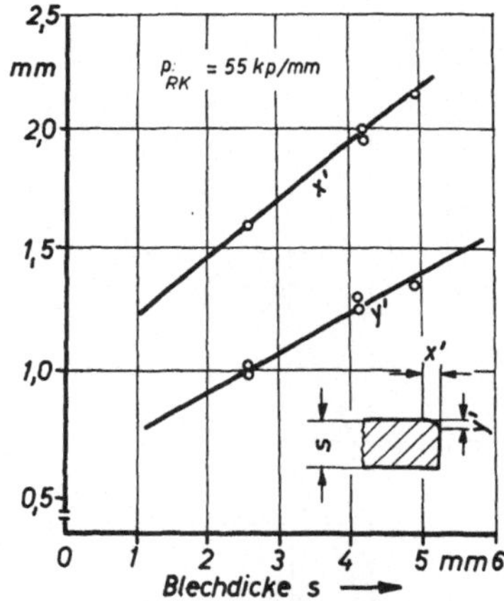

Abb. 33 Kanteneinzug x' der Blechoberfläche und y' der Scherfläche an einer scharfen Schnittlinienecke mit $r_e = 0$ und dem Winkel $\varepsilon = 60°$ bei Stahlblech ($\sigma_B = 30 \ldots 35$ kp/mm²) mit dem Werkzeug nach Abb. 1 (Form II, rechts unten) und Abb. 34

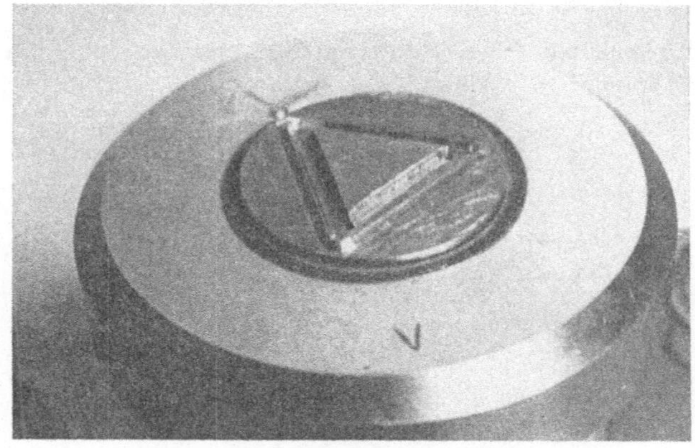

Abb. 34 Versuchswerkzeug zu Abb. 1 (Form II, rechts unten)

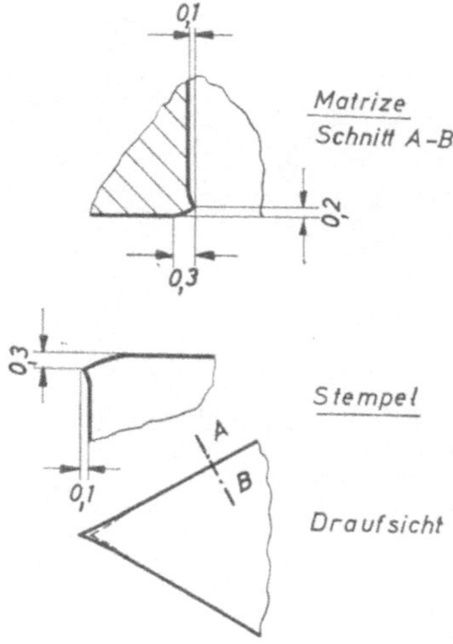

Abb. 35 Schnittkantenformänderung am Werkzeug zu Abb. 34 nach zu hoher Belastung (Werkstoff-Nr. 2842, gehärtet, angelassen)

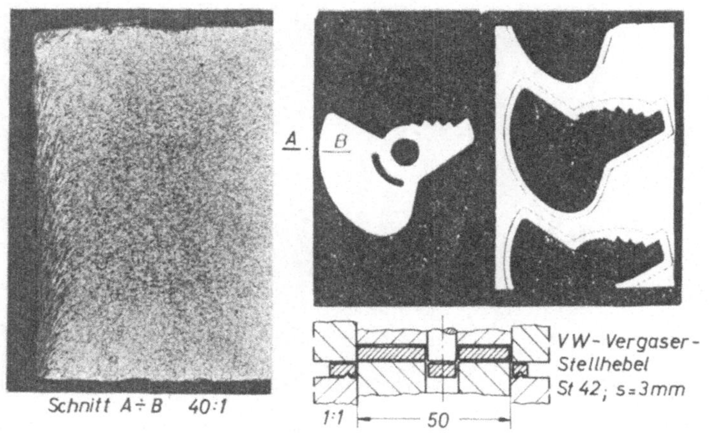

Abb. 36 Gefügeschliffbild eines Feinschnitteiles quer zur Schnittfläche, Stahlblech ($\sigma_B = 42$ kp/mm²), $s = 3$ mm

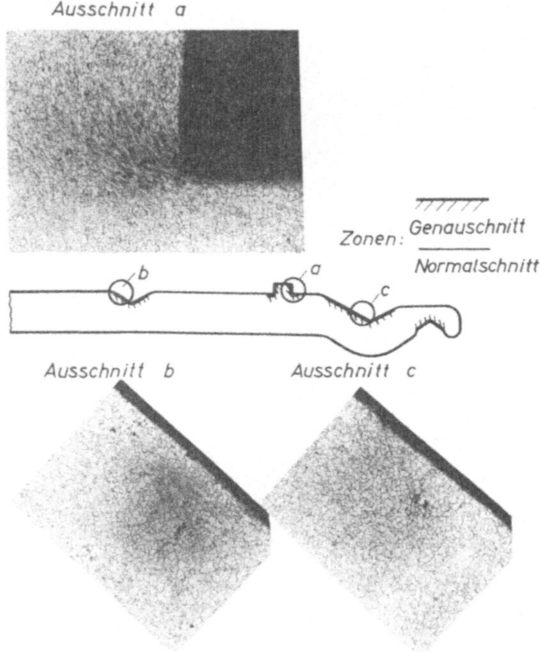

Abb. 37 Partielles Genauschneiden, Schliffe parallel zur Blechoberfläche (Werkstoff St C 15, Warmband, $s = 3$ mm)

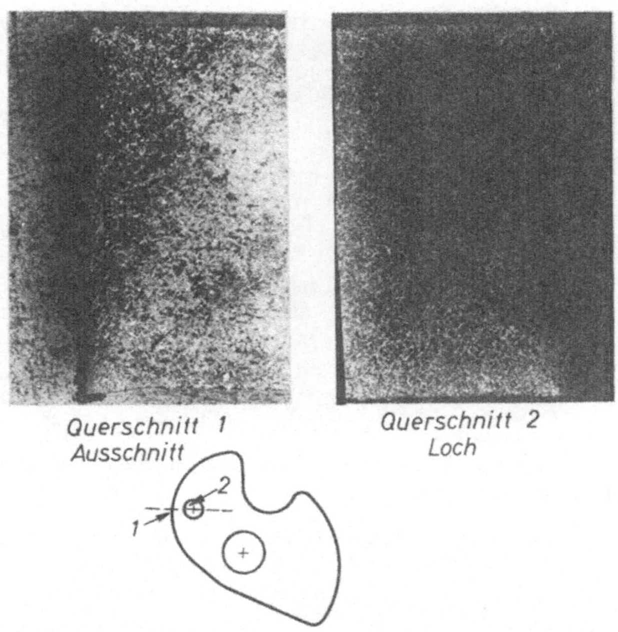

Abb. 38 Genauschnitt: Ausschneiden (1) und Lochen (2), Stahlblech CK 60, $s = 2{,}6$ mm, Lochung nicht ganz fehlerfrei, da ohne Gegenhalter

Abb. 39 Fein verteilter Zementit in Stahlblech C 40, $V = 500\times$

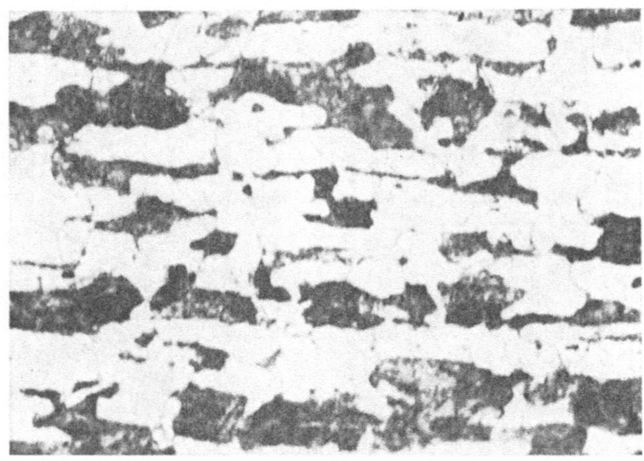

Abb. 40 Perlit/Ferrit-Gefüge (Perlit dunkel, Ferrit hell) in Stahlblech C 40 vor der Warmbehandlung zu Abb. 39, $V = 500\times$

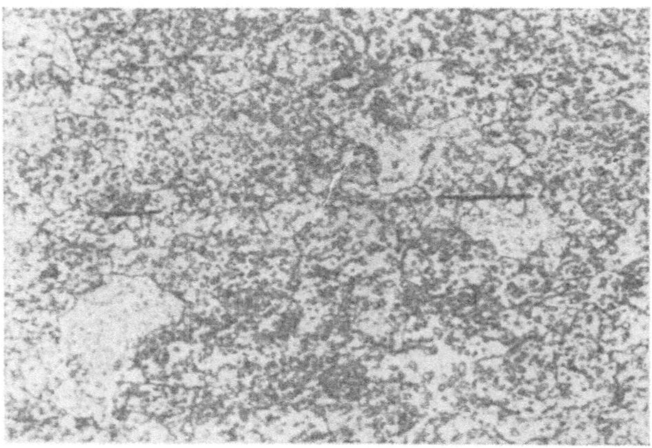

Abb. 41 Stahlblech C 53, Anlieferungszustand: weich geglüht, sehr gut eingeformter und fein verteilter kugeliger Zementit, $V = 500\times$, Härte HV 30:198 kp/mm², Festigkeit 70 kp/mm²

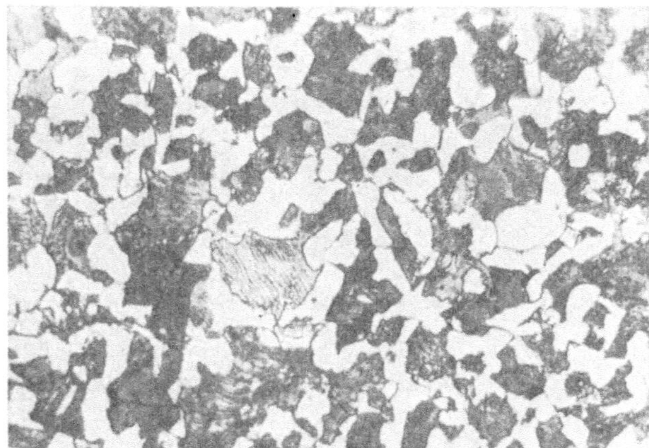

Abb. 42 Stahlblech C 53 normalisierend geglüht: 30 Min. bei 830° C, Abkühlung in unbewegter Luft, Gefüge mit überwiegend lamellarem Perlit, in Ferritgrund wenig Zementitkörnern, $V = 500\times$, Härte HV 30:230 kp/mm², Festigkeit 80 kp/mm²

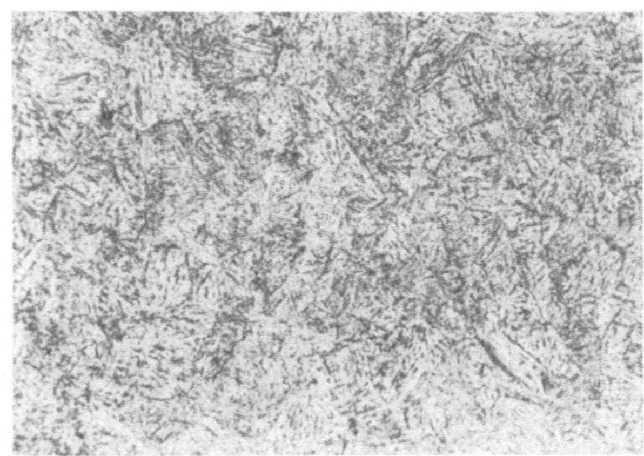

Abb. 43 Stahlblech C 53 gehärtet: 30 Min. bei 780–810° C in Wasser abgeschreckt, vorwiegend nadeliger Martensit, Zementit nicht ganz aufgelöst, noch in körniger Form vorhanden, $V = 500\times$, Härte HV 30:738 kp/mm², Festigkeit ca. 260 kp/mm²

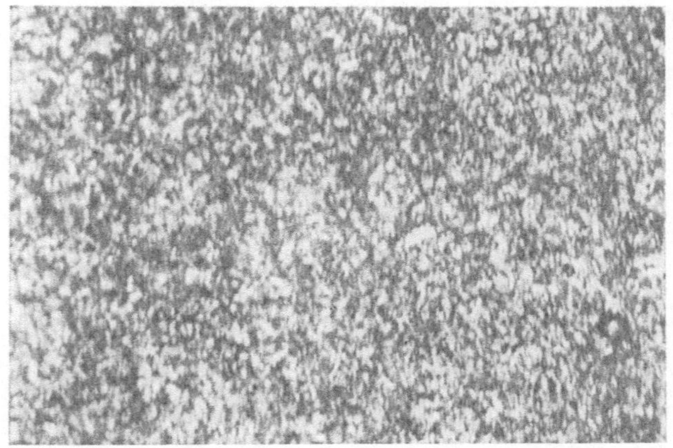

Abb. 44 Stahlblech C 53 vergütet: 30 Min. bei 780–810° C in Wasser abgeschreckt, 1 Std. bei 500° C angelassen, weniger Martensit als auf Abb. 43, Karbidausscheidungen, $V = 500\times$, Härte HV 30:350 kp/mm², Festigkeit 122 kp/mm²

Abb. 45 Stahlblech C 53 vergütet: 30 Min. bei 780–810° C, im Salzbad auf 370–380° C abgeschreckt und 1 Std. auf Temperatur gehalten, Zwischenstufengefüge mit Martensitanteilen, $V = 500\times$, Härte HV 30:315 kp/mm², Festigkeit 110 kp/mm²

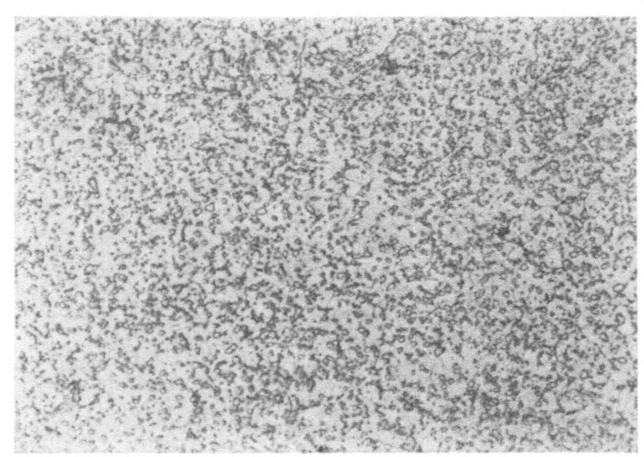

Abb. 46 Stahlblech C 53 vergütet: 30 Min. bei 780–810°C in Wasser abgeschreckt, auf 700°C erwärmt und 1 Std. auf Temperatur gehalten, kein Martensit vorhanden, dafür kugeliger Zementit, $V = 500\times$, Härte HV 30:185 kp/mm², Festigkeit 65 kp/mm², weicher als Anlieferungszustand

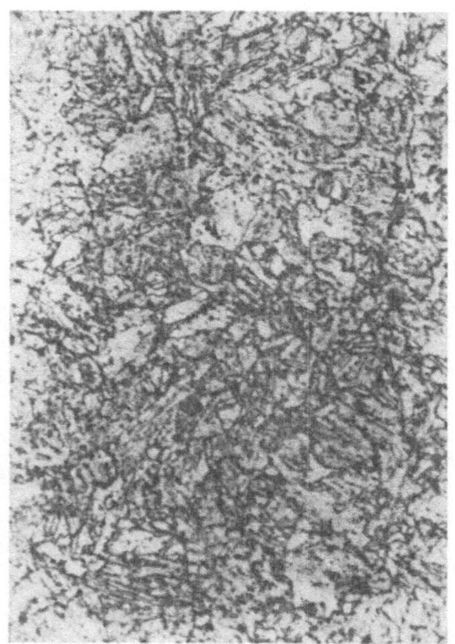

Abb. 47
Wasservergütetes Stahlblech N-A-XTRA (0,6% Si, 0,9% Mn, 0,7% Cr, 0,3% Mo, 1,5% Ni, Zr) $\sigma_B = 87{,}4$ kp/mm², $\tau_B = 0{,}59 \cdot \sigma_B$, $s = 3$ mm, $V = 500\times$

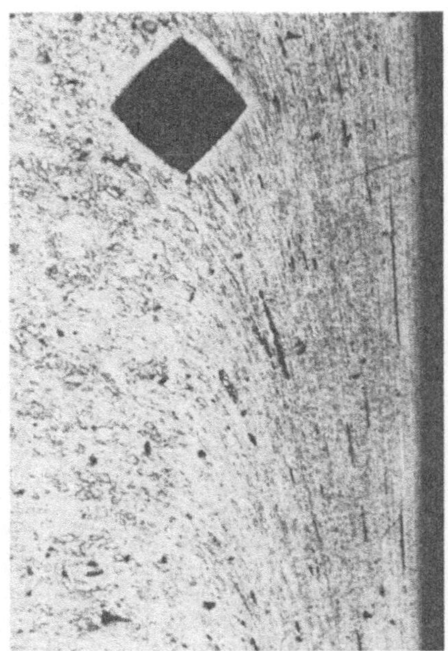

Abb. 48
Wasservergütetes Stahlblech N-A-XTRA zu Abb. 47, $s = 3$ mm, Gefügeschliffbild der Schnittzone, $V = 125\times$

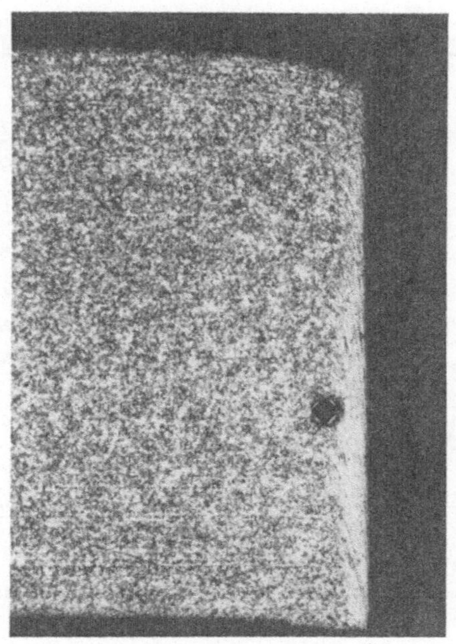

Abb. 49 Wasservergütetes Stahlblech N-A-XTRA wie Abb. 48, Gefügeschliffbild der Schnittzone, $V = 25\times$

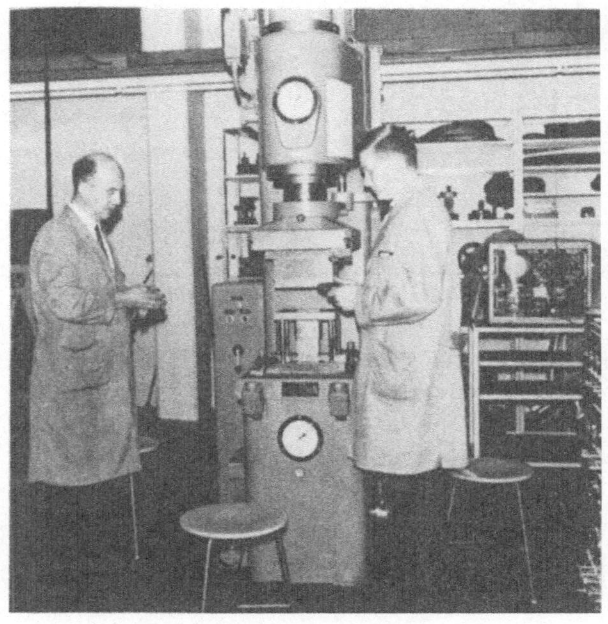

Abb. 50 Zweifachwirkende hydr. 25-Mp-Presse (Müller)

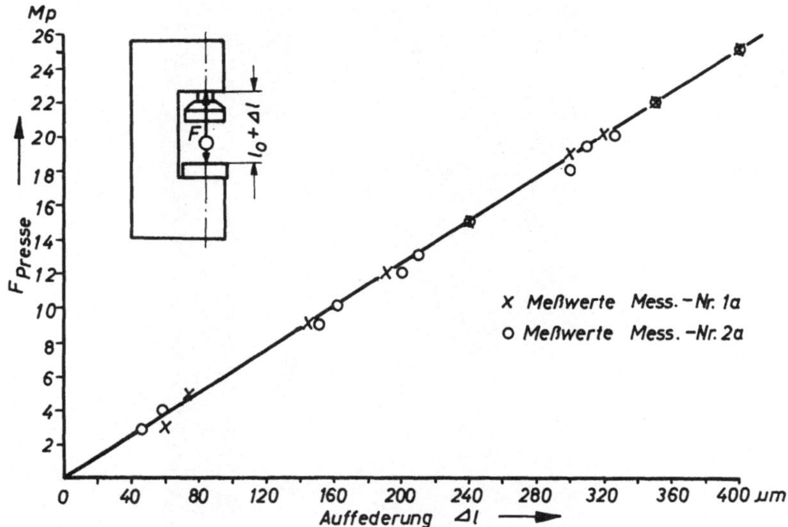

Abb. 51 Auffederung des Pressenkörpers zu Abb. 50 in Stößelmitte

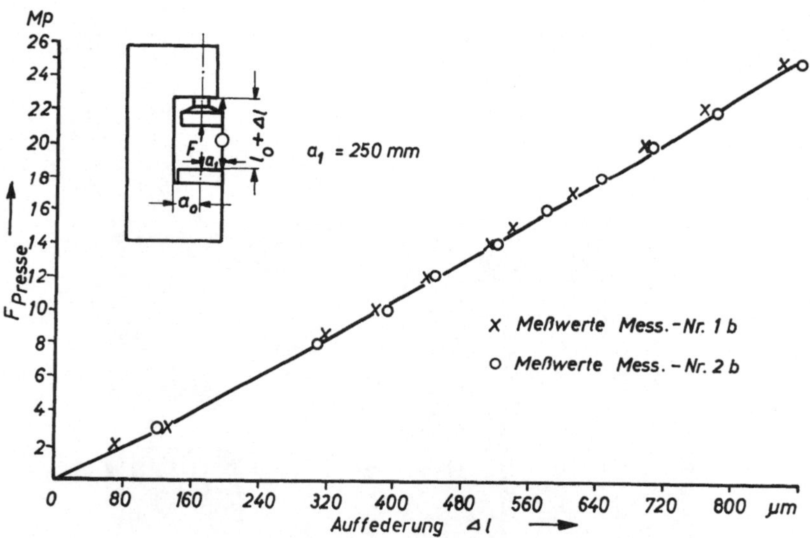

Abb. 52 Auffederung des Pressenkörpers zu Abb. 50, 250 mm außerhalb der Stößelmitte

Abb. 53 Versuchswerkzeug zu Abb. 2 unter einer 45-Mp-Presse (HYMAG)

Abb. 54 Versuchsstand mit dem Versuchswerkzeug zu Abb. 1 unter einer 45-Mp-Presse (HYMAG)

Abb. 55 Das ausgebaute Versuchswerkzeug zu Abb. 54

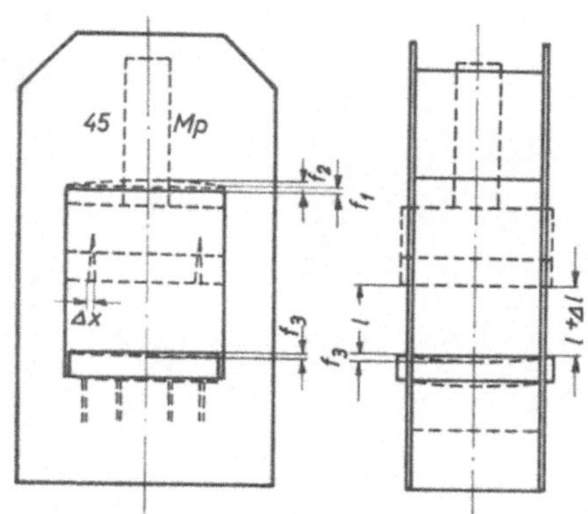

Abweichung von der Planparallelität Stößel/Tisch:
$\Delta l = 0{,}56$ mm/500

Abweichung der Blechhalterführung von der Stößelachse:
$\Delta x = 0{,}31$ mm/150 Hub

Abb. 56 Formänderungen am Gestell der Presse zu Abb. 53 und 54
Ständerdehnung bei Vollast $f_1 = 0{,}6$ mm
Oberjochbiegung bei Vollast $f_2 = 0{,}3$ mm
Tischdurchbiegung bei Vollast $f_3 = 0{,}3$ mm

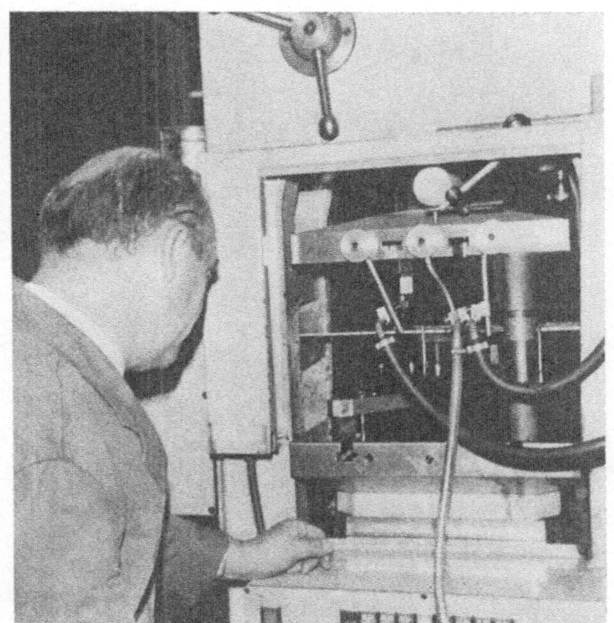

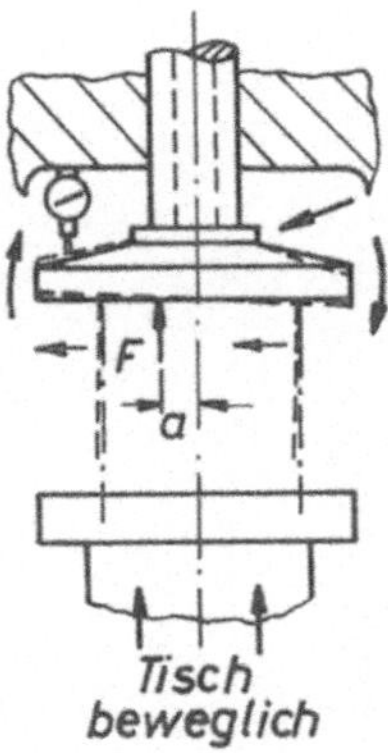

Abb. 57 Messung der Formänderung an einer mechanisch betriebenen Feinschnittpresse (Osterwalder/Feintool)

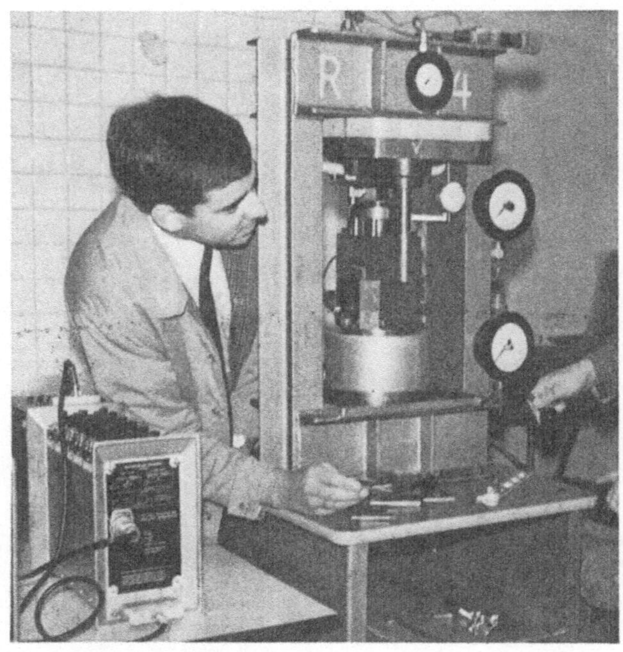

Abb. 58 40-Mp-Feinschnitt-Versuchspresse

Forschungsberichte des Landes Nordrhein-Westfalen

Herausgegeben im Auftrage des Ministerpräsidenten Heinz Kühn
von Staatssekretär Professor Dr. h. c. Dr. E. h. Leo Brandt

Sachgruppenverzeichnis

Acetylen · Schweißtechnik

Acetylene · Welding gracitice
Acétylène · Technique du soudage
Acetileno · Técnica de la soldadura
Ацетилен и техника сварки

Arbeitswissenschaft

Labor science
Science du travail
Trabajo científico
Вопросы трудового процесса

Bau · Steine · Erden

Constructure · Construction material · Soilresearch
Construction · Matériaux de construction · Recherche souterraine
La construcción · Materiales de construcción · Reconocimiento del suelo
Строительство и строительные материалы

Bergbau

Mining
Exploitation des mines
Minería
Горное дело

Biologie

Biology
Biologie
Biologia
Биология

Chemie

Chemistry
Chimie
Quimica
Химия

Druck · Farbe · Papier · Photographie

Printing · Color · Paper · Photography
Imprimerie · Couleur · Papier · Photographie
Artes gráficas · Color · Papel · Fotografía
Типография · Краски · Бумага · Фотография

Eisenverarbeitende Industrie

Metal working industry
Industrie du fer
Industria del hierro
Металлообработывающая промышленность

Elektrotechnik · Optik

Electrotechnology · Optics
Electrotechnique · Optique
Electrotécnica · Optica
Электротехника и оптика

Energiewirtschaft

Power economy
Energie
Energía
Энергетическое хозяйство

Fahrzeugbau · Gasmotoren

Vehicle construction · Engines
Construction de véhicules · Moteurs
Construcción de vehículos · Motores
Производство транспортных средств

Fertigung

Fabrication
Fabrication
Fabricación
Производство

Funktechnik · Astronomie

Radio engineering · Astronomy
Radiotechnique · Astronomie
Radiotécnica · Astronomía
Радиотехника и астрономия

Gaswirtschaft
Gas economy
Gaz
Gas
Газовое хозяйство

Holzbearbeitung
Wood working
Travail du bois
Trabajo de la madera
Деревообработка

Hüttenwesen · Werkstoffkunde
Metallurgy · Materials research
Métallurgie · Matériaux
Metalurgia · Materiales
Металлургия и материаловедение

Kunststoffe
Plastics
Plastiques
Plásticos
Пластмассы

Luftfahrt · Flugwissenschaft
Aeronautics · Aviation
Aéronautique · Aviation
Aeronáutica · Aviación
Авиация

Luftreinhaltung
Air-cleaning
Purification de l'air
Purificación del aire
Очищение воздуха

Maschinenbau
Machinery
Construction mécanique
Construcción de máquinas
Машиностроительство

Mathematik
Mathematics
Mathématiques
Matemáticas
Математика

Medizin · Pharmakologie
Medicine · Pharmacology
Médecine · Pharmacologie
Medicina · Farmacología
Медицина и фармакология

NE-Metalle
Non-ferrous metal
Metal non ferreux
Metal no ferroso
Цветные металлы

Physik
Physics
Physique
Física
Физика

Rationalisierung
Rationalizing
Rationalisation
Racionalización
Рационализация

Schall · Ultraschall
Sound · Ultrasonics
Son · Ultra-son
Sonido · Ultrasónico
Звук и ультразвук

Schiffahrt
Navigation
Navigation
Navegación
Судоходство

Textilforschung
Textile research
Textiles
Textil
Вопросы текстильной промышленности

Turbinen
Turbines
Turbines
Turbinas
Турбины

Verkehr
Traffic
Trafic
Tráfico
Транспорт

Wirtschaftswissenschaften
Political economy
Economie politique
Ciencias económicas
Экономические науки

Einzelverzeichnis der Sachgruppen bitte anfordern

Westdeutscher Verlag · Köln und Opladen
567 Opladen/Rhld., Ophovener Straße 1–3, Postfach 1620